Carl Kugler

Die Altmülalp, das Altmültal mit dem Flussgebiet innerhalb seines

Berglandes

Topographisch, historisch und landschaftlich dargestellt

Carl Kugler

Die Altmülalp, das Altmültal mit dem Flussgebiet innerhalb seines Berglandes
Topographisch, historisch und landschaftlich dargestellt

ISBN/EAN: 9783743493216

Hergestellt in Europa, USA, Kanada, Australien, Japan

Cover: Foto ©berggeist007 / pixelio.de

Manufactured and distributed by brebook publishing software (www.brebook.com)

Carl Kugler

Die Altmülalp, das Altmültal mit dem Flussgebiet innerhalb seines

Berglandes

Die Altmülalp

das heißt:

das

Altmülthal

mit dem Flußgebiete

innerhalb seines Berglandes,

topographisch, historisch und landschaftlich

dargestellt

von

Karl Kugler.

Mit Zeichnungen von G. Schröpler.

Ingolstadt.

Krüll'sche Buchhandlung.

(Ch. Weiß.)

1868.

Vorwort.

Der Landstrich, dessen Beschreibung ich in diesem Buche niederlege, liegt mitten in Bayern, nicht allzuweit entfernt von dessen bedeutendsten Städten, München, Augsburg, Nürnberg und Regensburg. Dennoch ist er bisher fast so unbekannt geblieben, als wenn er am Taurus oder hinter den Mondgebirgen läge. Nur in einige seiner äußersten Theile wurden gelegentlich, etwa an Ferientagen, flüchtige Besuche vorgenommen. In einigen Zeitungsblättern ward in Kürze des schönen Altmülthales gedacht, und ein paar Schriften blieben bei der Beschreibung eines beschränkten Theiles dieser Landschaft stehen. Ihr Gegenstand war fast ausschließlich die Gegend der unteren Altmül von Kelheim bis Riedenburg, als ob von dieser Gränze an nichts eigentlich Ansprechendes mehr zu finden wäre. Das Ganze wurde von Niemand durchwandert, von Niemand einer ernstlichen Untersuchung und Darstellung gewürdigt. Es schmerzte mich schon lange, daß die Altmülalp, die so reich an schöner Landschaftlichkeit, so voll historischer Erinnerungen

ist, im Allgemeinen fast unbeachtet blieb; es that mir der
Gedanke wehe, wie Wenige eine Ahnung davon haben, daß
hinter diesen Berggründern und Waldsäumen sich ein klassi=
scher Boden ausdehnt, daß dort so viele reizende Thäler
mit sanften Gewässern und romantischen Landschaften ruhen,
und über das Ganze die frischesten, duftreichsten Wälder
allenthalben gebreitet liegen. Seit länger als einem Men=
schenalter habe ich mich der Betrachtung und Durchforschung
dieses Landstriches hingegeben, und so ist es gekommen,
daß ich mit ihm in jeder Beziehung so vertraut geworden
bin, wie schwerlich ein Zweiter, der innerhalb seiner Grän=
zen lebt. Es gibt in demselben keinen irgend beträchtlichen
Raum, den ich nicht bloß einmal, sondern öfter zu Fuße
durchwandert und mit dem größten Eifer beachtet hätte.
Darum fühlte ich mich berechtigt, von diesem Berglande,
welchem ich den Namen „Altmülalp" beilege, ein Bild zu
entwerfen, ja ich glaubte mich beinahe verpflichtet dazu,
da ich, wie wohl kein Anderer, manchen kulturhistorischen
Zug und manche geschichtliche Anekdote hinzufügen konnte,
die mir als dem Träger vieler Erinnerungen aus dem
Uebergange von den ersten Dezennien dieses Jahrhunderts
in die jetzige völlig umgewandelte Zeit zu Gebote standen.
Ich bringe diese Reminiscenzen den Besuchern dieser Thäler
und Höhen gleichwie Blumen, die der Botaniker auf seinen

Wanderungen pflückt, um sie zu Hause in sein Herbarium eingelegt zu bewahren, und sich von Zeit zu Zeit bei ihrem Anblicke an die Stellen, an die Umgebungen zu erinnern, die ihn bei seinem Ausfluge erfreut haben. Mein Buch soll keinem gelehrten Zwecke dienen; es soll ein Weg= weiser sein, ein treuer Begleiter, ein berichtender, anre= gender Reisegefährte, der mittheilsam von allen bedeutenden Oertlichkeiten spricht und von den Ereignissen Meldung thut, deren Schauplatz in grauer Vorzeit dieser Landstrich war. Von der Schilderung der Volkssitten habe ich ab= gesehen, da ich nur eine Wiederholung desjenigen hätte geben müssen, was man in Schriften über Altbayern und die Oberpfalz, besonders in der Bavaria, ausführlich genug lesen kann. Nur eines hätte ich gar gerne noch darge= boten, nämlich die Bezeichnung derjenigen Stellen, wo dem Wanderer interessante Erscheinungen der Pflanzenwelt begegnen würden — und die Altmülalp ist reich genug daran; — aber ich bin nicht Botaniker, und da ich unge= achtet meiner Bemühungen keine Unterstützung fand, so mußte diese Beigabe leider wegbleiben.

Von den Sagen, welche in das Buch eingesetzt sind, sind mir die meisten durch mündliche Mittheilung zuge= kommen und nur einige habe ich aus ein paar kleinen gedruckten Werken geschöpft. Derselbe Fall ist es mit den geschichtlichen Anekboten und kulturhistorischen Zügen, die sich in dem Buche finden. Ein paar der letzteren und zwar der interessantesten, theilte mir ein werther Freund aus seinen Sammlungen mit, und ich spreche ihm dafür meinen aufrichtigsten Dank aus.

Es wäre ein Leichtes gewesen, meinem kleinen Werke die Ausdehnung zu einem großen Buche zu geben, wenn ich eine Menge historischer Angaben, die mir zu Gebote stand, hätte hinzufügen wollen. Allein ich wollte keine Ueberladung, die meinem Zwecke nur störend gewesen wäre. Aber ich wünsche, daß meine Arbeit Reiz und Veranlassung sein möge, so manche einzelne Partie der Altmül= alp, da hier noch so viele Schätze zu heben sind, in histo= rischer und topographischer Beziehung eifrig zu untersuchen und in eigenen Monographien der Welt bekannt zu machen. Gar manche der bedeutendern Orte dieses Landstriches ruhen in dieser Hinsicht noch im Dunklen; möge ich es sein, der da oder dort einem Freunde der vaterländischen Geschichte die Lust erweckt, sie mit dem Lichte treuer Forschung zu erhellen.

Eichstätt, im December 1867.

Der Verfasser.

Kelheim.

I.

Einleitung

und

allgemeine Darstellung

der

Altmülalp.

Die Seelenstimmung, mit welcher die Menschen die äußere Natur betrachten, hängt ganz und gar von der geistigen Bildung derselben, von der philosophischen Richtung der Zeit und dem Kunstgeschmacke ab, der daraus hervorgegangen ist. Darum ist diese Affektion nicht allgemein, sondern nur ein Genuß derjenigen, welche von der Geistesthätigkeit ihres Zeitalters den erforderlichen Antheil erhalten haben. Er erstreckt sich aber auch nicht auf alle Zeiten und Völker, und ist, selbst bei entschiedenem Hange für die schöne Natur, in Bezug auf die Art der Anschauungsobjecte wechselnd. Es ist ganz richtig, aber lange nicht bemerkt worden, was Riehl in dem Kapitel „Das landschaftliche

Auge" nachweißt, daß gewisse Zeiten nur für gewisse Arten von Land=
schaften Sinn haben und die anderen gar nicht würdigen wollen. Es
ist aber ebenso richtig, daß manche Perioden für Naturschönheiten in
dem Sinne unserer Tage keine Reigung zeigten oder wenigstens von
der heutigen einseitigen Schwärmerei weit entfernt waren. Die alte
Welt der Griechen und Römer, besonders die ersteren, wußten das
Schöne der Natur in nüchterner Weise gar wohl zu schätzen, wenn sie
gleich nicht bei jeder Gelegenheit mit gesuchten Schilderungen prunkten.
Die herrliche Naturanschauung Homers und sein edles Maß der Dar=
stellung hat nie mehr ein anderer Geist erreicht. Die frühere Zeit
des Mittelalters gab sich, wie uns die Gesänge ihrer Dichter beweisen,
in tiefer Innigkeit den landschaftlichen Reizen hin, besonders wenn sie
sich im Gewande des Frühlings zeigten. In den späteren wilden
Kämpfen verstummten zwar großentheils diese Stimmen, aber ihr
Geist war nicht erstorben. Sie ließen sich einzeln hören, und wurden
nur im vorigen Jahrhunderte von einer idyllischen Süßlichkeit entnervt,
bis durch die Kraft unserer klassischen Sänger auf's Neue das gesunde
Lob der schönen Natur angestimmt wurde. Es dauerte aber nicht
lange, da machten sich, unzufrieden mit den Zuständen und Ansichten
ihrer Gegenwart, in großer Begeisterung die Stimmen geltend, welche
das Wesen des Mittelalters und des Ritterthums in Prosa und Ver=
sen priesen. Allgemein entflammten die Gemüther, und man schwärmte
entzückt für Burgen und Abteien, deren Ruinen man nicht ohne Weh=
muth erblicken konnte. Wir gestehen, daß wir, übel angemuthet von
der Leere und unpoetischen Selbstsucht der Gegenwart, diesem Gefühle
nicht fremd sind und nicht fremd zu sein wünschen; denn wir legen,
von der Macht der Phantasie beseelt, in jene Tage schöne Zustände,
die wir in unserer Zeit vermissen, und die mit Bewußtsein so gerne
gesuchte Täuschung nehmen wir als eine Entschädigung für die Lücken
hin, die uns die Gegenwart unerfreulich machen. Allein unmächtig
hinreißen lassen wir uns nicht und wir ergehen uns nur frohherzig in

der Betrachtung jener selbstgeschaffenen Gebilde, die uns die Ueberreste
der Vorzeit herbeizuzaubern vermögen. Das ist die Stimmung, welche
die Periode der sogenannten romantischen Poesie in Deutschland her=
vorrief. Sie verbreitete sich über die meisten Länder Europas und
beherrscht noch heute unzählige Gemüther. Nun kam aber in den
letzten Decennien die immer weiter und tiefer um sich greifende For=
schung hinzu, welche eine großartige Anschauung der Natur aus anderen
Principien lehrte. Dieser neue Geist, ob verstanden oder geahnt oder
geträumt, bemächtigte sich zahlloser Köpfe und Herzen, und nachdem
man sich vorher lange Zeit in Exstasen bloß über romantische Gegen=
den mit alten Burgen und Klöstern ergossen hatte, wandte man sich
fast ausschließlich den grotesken und erhabenen Gebilden der Gebirgs=
welt zu, und wer diese nicht gesehen, erfaßt, gefühlt und über sie in
Entzücken gerathen, galt und gilt als ein ordinäres Individuum. Wenn
wir nun gleich den Hochgebirgen den Character der Größe und Er=
habenheit nicht absprechen wollen, so sind wir doch der Ueberzeugung,
daß in der Schwärmerei für dieselben eine kaum geringere Ueberschwäng=
lichkeit walte, als im vorigen Jahrhunderte in der Ueberschätzung der
Ebenen und sogar der Steppen, in welche die Menschen jenes Zeit=
alters ihre Schlösser, ihre Parke und Lustgärten verlegten. Das Extrem
der einseitigen Gebirgsschwärmerei wird, weil übertrieben und miß=
braucht, nach eingetretener Uebersättigung als solches sich mildern, viel=
leicht unmodern werden, und man wird allmählich auch wieder an
Gegenden Gefallen finden, welche nicht von fünf= bis zehntausend Fuß
hohen Bergen umgeben sind. Dieser Grund, und weil es doch noch
eine große Anzahl von Menschen gibt, welche weder bei dem Worte
Gebirg außer sich kommen, noch idyllischen Landschaften und ihren
schönen Felsengebilden, hochragenden Burgruinen, sanften Wiesenthälern
und frischen Wäldern mit Verachtung den Rücken wenden, hat uns
ermuthigt, einen Landstrich zu schildern, der nicht bloß viele historischen
Merkwürdigkeiten in sich schließt, sondern auch durch landschaftliche

1 *

Schönheiten gar manches unbefangene Gemüth erfreuen mag. Wir haben viele erhabene Partien der Hochgebirge kennen gelernt und waren von ihrer Großartigkeit tief ergriffen, aber dennoch waren ihre imposanten Scenerien nicht mächtig genug, die schönen und friedlichen Bilder zu verdrängen, die uns in der Altmülalp so viele innigen Genüsse gewährt haben. Kommt auch ein großer Theil dieses stärkeren Gefühles auf Rechnung unserer Jugendeindrücke, so bleibt doch, dessen sind wir gewiß, noch genug des Schönen übrig, daß es auch andere Augen und Herzen erfreuen kann.

Der Landstrich, von dem wir sprechen wollen, ist einer derjenigen in Bayern, welche bis jetzt gleichsam verstecket geblieben sind. Selbst von seinen Bewohnern und Nachbarn wird er nicht nach Verdienst geschätzt, weil sie ihn, wir dürfen es unverhohlen sagen, nicht gehörig kennen. Sie haben sich, von entfernten Reizen angezogen, nicht die Mühe genommen, das Schöne kennen zu lernen, das ihnen so nahe ist. Wir glauben und wünschen, daß wir mit der einfachen und anspruchlosen Beschreibung derselben vielen Freunden der Natur und vaterländischen Geschichte eine willkommene Gabe bringen werden.

Die Gegend, deren Bild wir entwerfen wollen, breitet sich, indem sie nördlich von der Donau bei Neuburg und etwas entfernter von Ingolstadt beginnt, gegen Osten bis Kelheim, gegen Westen bis zu dem sogenannten Hahnenkamm aus und endet gegen Norden an der fränkischen Keuperebene bei Thalmässing und der Hochfläche von Hemau. Das Hügelland des Landgerichts Monheim gehört nicht mehr zu unserem Gebiet. Dieser Landstrich umfaßt also das Flußgebiet der Altmül*) von den Punkten an, wo sie und ihre Nebenflüßchen in den

*) Wir schreiben „Altmül" statt des alten unpassenden „Altmühl", welches keinen etymologischen Grund und mit dem Worte „Mühle" nicht die entfernteste Verwandtschaft hat. Der alte Name hieß Alcimoenis, Alcmunis, Alkmun und hat die Bedeutung langsames Wasser, vielleicht noch besser: Wasser der Alken, d. i. der Elenthiere. Die Veränderung der Konsonanten k in t und n in l ist eine häufige und berechtigte.

gebirgigen Landestheil hereintreten, bis dorthin, wo sie sich in die Donau ergießt. Einen Theil dieser Gegend findet man in geognosti= schen, botanischen und geographischen Schriften schon längere Zeit mit dem Namen der Eichstätter Alp bezeichnet. Da aber dieser Aus= druck nicht den ganzen Umfang unseres Gegenstandes enthält, so haben wir für das Bergland, von dem wir zu sprechen vorhaben, den Namen Altmülalp gewählt.

Die Altmülalp zeichnet sich aus nicht allein durch ihre merk= würdige Bodenformation und ihre malerischen Schönheiten, sondern auch durch die zahlreichen, ja fast zahllosen Ueberreste und Spuren einer vielbewegten, ereignißreichen Vergangenheit. Mit voller Berechti= gung darf man behaupten, daß keine Gegend des südlichen Deutschlands als Schauplatz der einstigen Römerherrschaft und des wilden Völker= getümmels an den Gränzen ihres Weltreiches ein gleiches, so deutlich und so gedrängt markirtes Gepräge aufzuweisen hat. In den weit= gebreiteten dichten und schluchtenreichen Wäldern dieses Berglandes mit seinen tief eingeschnittenen Thälern konnte der Kampf zwischen den deut= schen Völkerschaften und Römern Jahrhunderte lang ohne Entscheidung dauern, und jeder nachwandernde Stamm fand wohlgelegene Haltpunkte und Verstecke für Angriff und Rückzug. Die Römer waren für die Sicherung des Gränzlandes zur Anlegung zahlreicher befestigter Lager, Colonien, Verschanzungen und Schutzthürme genöthigt, welche sie durch ein großes Netz von Straßen verbanden. Jener berühmte Pfahlranken, welchen der Historiker das Vallum Hadriani, das Volk die Teufels= mauer nennt, ist nirgends auf seiner langen Linie von der Donau bis zum Mittelrheine auf so beträchtlichen Strecken fast unversehrt von Menschenhand geblieben, als hier auf unserem Hochplateau. Die Wäl= der, welche ihn auch jetzt noch in großer Ausdehnung bedecken, waren sein Schutz.

Als aber das Römerreich zertrümmert worden, hatten sich in dem veröbeten Lande neu eingewanderte deutsche Stämme angesiedelt, welche

enblich unter die Gewalt der Frankenkönige gebracht und besonders
durch die Pipinen und Karl den Großen in gesetzliche Zustände ge=
ordnet und mit den Segnungen des Christenthums und besserer Kultur
beglückt wurden. Allein nach dem Erlöschen der Karlingen traten bald
wieder die Zeiten der rohen Gewalt ein, und die Haus= und Bürger=
kriege der darauf folgenden deutschen Kaiser waren nicht geeignet, die
Verwilderung der Sitten aufzuhalten. Die entsetzlichen Verwüstungs=
züge der Ungarn erhöhten noch die Verwirrung der öffentlichen Zu=
stände. Nun lockte wieder der Berg= und Waldcharakter der Altmülalp
viele Edelgeschlechter an, sich in derselben feste Wohnsitze zu schaffen,
und zu diesem Zwecke wurden vor allen anderen Punkten die Ueber=
reste der ehemaligen Römerkastelle und deren Thürme aufgesucht und
die Burgen des Mittelalters erbaut. Diese Bauten erscheinen uns
heutzutage in ihren Ueberresten als Werke von schwacher Struktur und
wir vergleichen sie vielleicht zu ungerecht mit den daneben befindlichen
fast unzerstörbaren Römerarbeiten. Gerade durch diese Nachbarschaft
verleitet, sehen wir sie mit unbilligen Blicken an, und bedenken nicht,
daß den Erbauern derselben weder die Mittel jenes gewaltigen Welt=
reiches noch die Baukunst desselben zu Gebote standen. Viele dieser
Burgen wurden größtentheils durch die Beihülfe von Leibeigenen und
Fröhnern aufgeführt, und es beweist immerhin bei diesen Bauten einen
hohen Grad von Stärke, daß noch in unseren Tagen so viele Ueber=
reste derselben vorhanden sind, da die meisten schon im 15. Jahr=
hunderte zerstört wurden. Seit jener Zeit standen sie fast 400 Jahre
lang der Gewalt der Elemente und der Unbill der Menschen preis=
gegeben. Nur dieß eine glauben wir als erheblich bemerken zu müssen,
daß, mit Ausnahme der Willibaldsburg bei Eichstätt, keine einzige die=
ser Burgen einen bedeutenderen Umfang hatte, selbst die der reichen
und mächtigen Grafen von Hirschberg und Riedenburg nicht. Die
große Menge von Ruinen und Ueberbleibseln solcher Bauten, denen
wir in diesem Landstriche begegnen, begründen die Ueberzeugung, daß

zur Zeit des Faustrechtes vom 13. bis 16. Jahrhundert dieses Berg=
land gleichsam mit solchen Burgen überstreut war, wo die rohen und
unruhigen Ritter wie Raubthiere in ihren Lagern und Horsten saßen,
und von da aus auf die Landstraßen und in das Flachland hinaus
ihre Raubzüge anstellten. Darum konnte auch der Anbau des Bodens
und die Zunahme der Bevölkerung nicht gedeihen, wenn gleich von
Zeit zu Zeit die Herzoge von Bayern wie ein Ungewitter gegen sie
losfuhren. Auch die Bischöfe von Eichstätt stritten öfters ernstlich ge=
gen sie, aber ihre Macht war den Rittern, die meistens verbündet
kämpften, nicht gewachsen. Erst die wachsende Bildung der Menschheit
und die Erfindung des Schießpulvers trieb sie aus ihren Felsensitzen,
und wir haben alle Ursache, den Verfall der ehemaligen Barbarei zu
segnen. Allein, wenn wir gleich die Unbändigkeit und Wildheit des
Ritterthums verwerfen, so schätzen wir doch auch die vielen schönen
Züge der mannhaften Thaten, des freien Sinnes, der kraftvollen Lieder=
lust, der körnigen Frömmigkeit und mancher anderen Tugenden, wodurch
sich so viele jener kampffertigen Männer auszeichneten; es schweben so
schöne Bilder vor uns, welche sich aus den Heldensagen jener Dichter
des Minnegesanges vor unserer Seele erhoben. Wenn wir daher in
den Thälern wandeln, wo jetzt die Ruinen der Burgen von den Felsen
und Höhen zu uns herniederschauen, so erfassen unsere Brust weh=
müthige Empfindungen über die Vergänglichkeit einer schönen Vorzeit;
uns erfreut der kühne Sinn, mit welchem jene Ritter ihre Wohnsitze
hoch hinauf in die Regionen der Wolken bauten, uns bezaubert die
malerische Landschaft, welche durch diese Ruinen ihren romantischen
Reiz erhält, und in Gedanken bevölkern wir die ehemaligen Burgen
mit edlen Geschlechtern, reich an feiner Bildung, Ehrenhaftigkeit und
Anmuth.

Die landschaftliche Schönheit der Altmülalp ist von zweierlei Charak=
ter. Man hat sie entweder in den Thälern mit ihren üppigen Wiesen,
bewaldeten Berghängen, Felsengebilden und Burgruinen oder auf dem

Plateau zu suchen, wo sie hauptsächlich in weiten und interessanten Fernsichten auf die Gegenden besteht, welche außerhalb der Alp liegen. Beide sind ungemein abwechselnd und jede derselben ist oft durch eigen=thümliche Reize unterschieden. Wir werden sie bei der Wanderung durch die Altmülalp genauer kennen lernen. An mineralischen Merk=würdigkeiten ist sie sehr arm. Eisenerze auf der Hochebene und Kalk=steingebilde, worunter der gewöhnliche Kalkschiefer und der lithographische Schiefer, sind das Erheblichste, was man anführen kann.

Streng abscheidende natürliche Gränzen hat unsere Altmülalp nur gegen Norden und Nordwesten, wo sie einen zusammenhängenden Ge=birgsrand bildet, dessen Hängen ziemlich steil gegen die Keuperebene von Thalmässing und das breite Thal von Weißenburg und Gunzen=hausen abfällt. Gegen Ingolstadt und Vohburg hin verlaufen sich ihre Höhen allmälig in Hügel, die zum Theil bis in die Nähe der Donau reichen. Im Osten besteht ein fortlaufender Zusammenhang mit dem Bergplateau der Oberpfalz, welches ein Theil des fränkischen Jura ist, wodurch die Altmülalp nicht minder als durch ihre Formation dem Gebiete desselben zugehört. Eine natürliche Gränze in dieser Richtung steht also nicht fest, sondern nur eine solche, welche wir in Gedanken ziehen, indem wir das Land nördlich von Riedenburg und Essing außer Betracht lassen, weil ja auch keine Bäche aus Thälern von jener Seite dem Altmülgebiete zugehen. Bei Dietfurt machen wir den westlichen Arm der dortigen Laber bis aufwärts gegen Holnstein zu unserer Gränzlinie. Die Donauschlucht von Weltenburg bis Kelheim zur Alt=mülalp hereinzuziehen, glauben wir vollkommen berechtigt, wohl gar verpflichtet zu sein, da wenigstens die nördliche Seite derselben ein Theil des Michelsberges und Hienheimer Bergwaldes ist, die unstreitig Bestandtheile unserer Alp ausmachen. Schließlich beschränken wir den Landstrich unserer Aufgabe gegen Südwest, indem wir die dortige Gränze des Landgerichts Monheim auch für diese in Anspruch nehmen.

Die Altmülalp bildet eine schiefliegende Tafel, deren höherer Theil gegen Nordwest, der niedrigere gegen Südost liegt und nach Ingolstadt hin abwärts gebogen ist. Die Oberfläche derselben ist eine wellenartig gestaltete Ebene, und die Thäler und Schluchten sind nichts anderes, als tiefe Einschnitte in dieselbe. Daher kommt es, daß der Begriff Berg, welcher in dieser Gegend bloß in Bezug auf das Verhältniß zu einem Thal bestehen kann, zu einer relativen Anschauung wird, welche Gebirgsbewohnern höchst sonderbar erscheint. Allein sie ist an sich doch richtig. Denn es breitet sich die Oberfläche eines hier gemeinten Berges nur weit aus und auf der anderen Seite geht es zu einem anderen Thale oder bei dem Gebirgsrande doch wieder in die Tiefe. Diese Eigenschaft nun hat die Altmülalp mit den Juragebirgen überhaupt gemeinsam; aber eine andere hat sie, so viel uns bekannt ist, für sich ganz allein. Dieß ist die sonderbare Eigenthümlichkeit, daß die Altmül und einige ihrer Nebengewässer aus der Ebene in den Gebirgsstock herein = und auf der anderen Seite wieder hinausgehen, mithin denselben trotz seiner festen Kalksteinbildung durchschneiden. In allen anderen Juragebirgen kennen wir bloß Gewässer, Flüsse und Bäche, welche aus denselben herausfließen, in der Altmülalp aber sehen wir sie ihren Lauf in den Gebirgsstock hinein und durch denselben durch nehmen. Dieß ist allerdings eine auffallende Erscheinung, welche, unseres Wissens, von Geognosten nicht in's Auge gefaßt oder keiner Erklärung gewürdigt wurde. Mit einer vornehmen Beseitigung dieses merkwürdigen Umstandes ist aber weder uns selbst, noch manchem Anderen gedient, dem die Lösung dieser Frage interessant ist. Und da uns dieselbe immerhin wichtig genug für eine Antwort scheint, da wir ferner nirgend einen Versuch zu einer Erklärung gefunden und seit mehr als 40 Jahren diesem Gegenstande viele Aufmerksamkeit gewidmet haben, so wagen wir es, unsere Ansicht darüber auszusprechen, und überlassen die Berichtigung unserer Gedanken wohlgemuth dem Urtheile derjenigen Fachmänner, welche in dieser Sache eine klarere Einsicht haben.

Es scheint uns überflüssig und ist nicht unsere Sache, bei Erör=
terung dieser unserer Aufgabe in das Gebiet der Revolutionsgeschichte
unseres Erdballes einzutreten, zumal die Theorie derselben uns weder
geschlossen, noch zur Evidenz gebracht vorkommt. Wir denken uns in
die Zeit zurück, da die Hauptumwälzungen vollendet und die weiten
Räume zwischen den Urgebirgen von einem ungeheueren See über=
fluthet waren. Ueber diese Thatsache ist die Geologie nicht mehr im
Zweifel und Streit. Daß in jener Periode der große See von gewal=
tigen Stürmen gepeitscht und bis in den Grund aufgeregt wurde, wird
ebenfalls nicht in Abrede gestellt werden. Nothwendig aber mußte der
Zeitpunkt eintreten, daß theils durch Verdunstung, theils durch Ablauf
aus zerrissenen Gebirgsdämmen das Gewässer immer mehr Verminde=
rung erlitt. Das Niveau desselben sank tiefer, die Urgebirgsstöcke rag=
ten höher. Die furchtbare Gluth unter der Erdrinde dauerte aber noch
mit großer Heftigkeit fort, und die oberen Kalkmassen, aus welchen die
Juragebirge bestehen, scheinen damals noch nicht zu fester Consistenz
erstarrt gewesen zu sein. Denn die Dolomitfelsen unserer Alp, die auf
den Kalksteinbänken aufstehen, zeigen nicht selten auf ihrer Außenseite
eine Menge von Löchern und kleinen Höhlungen, welche die größte
Aehnlichkeit mit den geplatzten Blasen eines Teiges haben, dessen Gäh=
rung zu Ende ging. In jener Zeit nun mögen sich, da die Massen
noch weich waren, die ersten Vertiefungen auf dem Plateau gebildet
haben, welche zur Aufnahme und Weiterleitung von Gewässer geeignet
waren. Wurden sie auch später durch das Spiel der Fluthen wieder
mit Geröll und Erde gefüllt, so hatte das nichts zu sagen. Die leicht
beweglichen Theile konnten wenig Widerstand leisten. Ferner erkennen
wir aus der jetzigen Beschaffenheit der Wände und Hängen in den
Flußthälern und Waldschluchten der Altmülalp, daß die Dolomitbil=
dungen nirgends im Zusammenhange, sondern durchaus sporadisch er=
scheinen, ingleichen aus unzähligen Eingrabungen in die Berghängen,
daß auch die Kalksteinbänke nicht ohne bedeutende Unterbrechungen lie=

gen. Wo aber diese festen Massen fehlen, findet sich lockeres Gestein entweder zerbröckelt, oder in leicht zerbrechlichen Schichten, des Schiefers gar nicht zu gedenken. Aus all' diesem geht hervor, daß die Wasser, wenn sie einmal in fortdauernde regelmäßige Bewegung kamen, einen lösbaren Grund zu Rinnsalen und Beeten fanden.

Nun kommen wir zum zweiten Theile unserer Untersuchung, näm= lich zu der Hauptfrage: Wie kam die Altmül vom Westen her in den Gebirgsstock herein? Mit der Beantwortung derselben ist auch das Eindringen der übrigen Gewässer erklärt. Zur Zeit, als der große See, von dem wir oben sprachen, tiefer gesunken war, scheint ein Er= eigniß eingetreten zu sein, wodurch sich das Niveau des Gewässers süd= lich von der Altmülalp, der große Donausee, nach und nach er= niedrigte (wahrscheinlich durch den Durchbruch bei Passau), so daß sich der Wellenzug vom Norden her dorthin in Bewegung setzte und eine Menge Bestandtheile des Keuperbodens mit sich auf die Höhe der Altmülalp trug. Diese südöstliche Strömung der Gewässer aus dem nördlich von der Altmülalp befindlichen großen See, dem Franken= see, war eine nothwendige. Da die südlichen Theile dieses Gebirgs= stockes eine geringere Höhe als die nördlichen bei Weißenburg, Ettenstadt und Thalmässing hatten, so ging der Wasserzug na= türlich auf der höheren Ebene in gemessener Bewegung, wurde aber da, wo sich der Boden tiefer senkte, reißend und ungestüm, und verur= sachte daselbst bedeutende Veränderungen. Darum sehen wir die Hoch= ebene des Weißenburger Waldes und von Raitenbuch bis Eichstätt, als eine wenig unebene Fläche, die sich östlich bis an den Thalrand der Schwarzach ausdehnt. Dagegen zeigen die Gegenden von Tag= mersheim, Bisenhart, Pietenfeld und Abelschlag, von Dentendorf, Schafshüll, Berghausen und anderen Orten eine so große Verschiedenheit von Höhen und Tiefen, von Bodenkrüm= mungen und Mulden, daß sie uns ein klares Bild darbieten, wie wild in jenen Zeiten hier die Gewässer gehaust haben müssen.

Zu dieser Zeit strömten auch in der Gegend des heutigen Dorfes
Dietfurt die Wasser herbei, aber freilich in bedeutenderer Höhe, als
die jetzigen Bergränder des dortigen Altmülthales sie zeigen. Auf der
Hochfläche befand sich lockerer Boden, der in dem entstandenen Rinn=
sale fortgeschwemmt wurde. Der neu gebildete Fluß mag sich unbe=
rechenbare Zeit hindurch auf der dort oben befindlichen Ebene mit seiner
tieferen Gründung beschäftigt haben, bis er auf die Dolomitgebilde und
das übrige Kalkgestein gelangte. Indessen hatte er sich in gleicher
Weise in der Richtung nach Osten hin fortgearbeitet. Die oberen
Bergabsenkungen gegen das Altmülthal geben Zeugniß für die erste
Bildung des Flußbeetes, welches, weil durch keine Felsenufer beschränkt,
etwas unstät geworden sein mag. Die späteren Wälderansiedlungen
und die Berieselung der oberen sanfteren Hängen mit Dammerde haben
allmälig dessen Spuren unkenntlich gemacht. Daß der Fluß nach
Osten und Süden ging, lag in der tafelartigen Beschaffenheit der Alp,
von deren nordwestlichen höheren Lage sich alles Gewässer dem Beete
desselben bei Altendorf und Dolnstein zudrängte, so daß er einen
großen Theil seines Wassers in einem Rinnsale über die Höhen nach
Kunstein hin abgeben mußte, bis er sich zwischen Breitenfurt und
Obereichstätt Bahn gemacht hatte. Als sich die Altmül in die tie=
feren Räume eingegraben hatte und auf die Dolomitfelsen und Kalf=
steingebilde stieß, wich sie diesen natürlich aus und wühlte durch den
lösbaren Boden. Dabei war sie genöthigt, bald rechts bald links mit
ihrem Flußbeete zu wechseln. Beweis davon geben die vielen Aus=
fressungen und Unterhöhlungen von Kalksteinfelsen bald an der rechten,
bald an der linken Berghänge des Thales, welche (die Ausfressungen)
niemals einander gegenüber erscheinen. Man sieht sie in
verschiedenen Höhen und die Unterhöhlungen zeigen sich für glei=
chen Wassergang in gleichen Linien. Dadurch wird die allmälige Ver=
tiefung des Thales in sichtbaren Zügen dargethan. Wenn man die
durch das vorbeistreifende Gewässer bewirkten Unterfressungen der

Felsen längs des ganzen Altmülthales und einige seiner Seitenthäler genau und oft genug betrachtet, so findet man nicht unschwer eine solche Höhenungleichheit derselben auf verschiedenen Zwischenräumen, daß man sich überzeugt, ihre Entstehung gehöre nicht einem gleichzeitigen Wasserzuge an, sondern müsse verschiedenen Perioden zugewiesen werden. Und wir stehen auch keinen Augenblick an, dieß zu thun. Wir lassen aber den Gang der Wasserströmung sich nicht unterbrechen, sondern halten uns nur an das Gesetz, das man bei der Bildung aller Wasser= rinnsale beobachten kann. Wo nämlich Gewässer abströmt, dauert zwar der Zug desselben in dem Graben, dem es nach dem Gesetze der Schwere folgt, überall ununterbrochen an, aber die Tiefergrabung bis zur möglichst untersten Lage erfolgt immer an dem vorderen Ende zu= erst. Von da an wird allmälig rückwärts gearbeitet, bis endlich das indessen gleichfalls niedriger gewordene hintere Ende erreicht ist, welches erst jetzt gleichfalls vollständig durchbrochen wird. Wir dürfen anneh= men, daß dieser Bildungsgang auch bei dem Altmülthale und allen seinen Seitenthälern stattgefunden habe. Daß die fließenden Gewässer für ihre Eingrabung in den Boden an der Beschaffenheit der unten= liegenden Erdschichten eine bestimmte Gränze finden, lehrt die allgemeine Erfahrung. Nur ausnahmsweise ist es ihnen gestattet, größere Vertie= fungen auszuhöhlen und kleine Seen zu bilden oder die Sohle ihres Beetes zu durchbrechen und in die Tiefe zu dringen, um vielleicht an einer anderen Stelle wieder ihren offenen Lauf fortzusetzen. Als be= merkenswerth führen wir an, daß bei der Anlegung des Kanals nahe bei Riedenburg „das Beet der Altmül eine durch Kalksinter verbundene Kieselmasse war, die bei'm Umbau des Flusses mit Gewalt durchbro= chen wurde."

Daß die Wasserfluth, welche sich aus dem Frankensee über die Altmülalp ergoß, sich nicht auf die Rinnsale der Altmül und ihrer Nebenflüßchen beschränkte, sondern lange Zeit über die Hochebene ver= breitete, und wo sie sich einfurchen konnte, Seitenthäler grub, durch welche sich die Gewässer dem Hauptstrom zuwendeten, liegt in der Natur der Wasserbewegung und des Bodens. In vielen dieser Seitenthäler finden wir gleichfalls Dolomitfelsen, welche uns dieselben Erscheinungen der linienartigen Ausfressungen und Unterhöhlungen zeigen, wie sie in dem Hauptthale vorhanden sind. Auch die Gestaltung der Felsen an den verschiedenen Höhen der Berghängen in diesen Thälern gibt Zeugniß von den gewaltig wogenden Wassermassen, welche hier in der Urzeit durchtobten. Diese Säulen und Kuppen, diese Zacken und Spitzen, diese plumpen Köpfe, die mit ihrer schmalsten Seite drohend auf den grauen Untergestellen liegen, all diese zerspaltenen, wunderlichen Gebilde bedurften starker Fluthen, um ausgespült und tief herab bloßgelegt zu werden. Daß die Witterungskraft der Jahrtausende verändernd daran nachgeholfen und besonders manche Filigranarbeit dazu gefügt hat, ist nicht zu bezweifeln und wird von der Beobachtung der Gegenwart bestätigt. Eben diese Kraft hat aber auch im Laufe der Zeit eine Menge dieser Bildungen entweder theilweise oder ganz wieder aufgelöst und zerstört, wie an manchen Felsenwänden die Haufen unten liegenden Steingebröckels unläugbar bezeugen. Zugleich löst sich die Frage über die Entstehung jener isolirt stehenden Felsen von Dolnstein und Kunstein, sowie der Bergstöcke des Galgenberges bei Wellheim, des Atzberges bei Beilngries und des Wolfsberges bei Mühlbach hiedurch in einfacher Weise. Durch die Wasserströmung wurde der lockere Boden rings um sie ausgespült und weggeschwemmt, und die feste Felsenmasse, welcher das Gewässer nichts anhaben konnte, blieb unverändert stehen. Es ist nicht zu bezweifeln, daß zu dieser Arbeit des Wasserzuges die Wogen mächtig beigetragen haben, welche in den ältesten Zeiten aus den Seitenthälern der ebengenannten Felsen und Bergstöcke herbeidrangen, nämlich bei Dolnstein aus dem Eberswanger=, bei Kunstein aus dem Spindelthale, bei dem Galgenberge aus dem Wellheimer Loche, bei dem Atzberge (von dem altdeutschen az, Futter, Weide, also: der Weideberg) aus dem Sulz=,

bei dem Wolfsberge aus dem Laberthale. Diese Eingrabung des
Wassers in den Boden dauerte so lange fort, bis die undurchdring=
liche Basis des Keupers erreicht war, auf welchen das Juragebirge
aufliegt. In gleicher Art geschah die Thalbildung der Schwarzach
und Sulz, die sich bis dahin durchrangen, wo sie von der stärkeren
Wassermasse der Altmül fortgerissen wurden. Die Thäler der An=
lauter, der unteren Schambach und der meisten übrigen Bäche
verdanken ihre Entstehung denselben Ursachen. Selbst die größeren
trockenen Seitenthäler haben ohne Zweifel keinen anderen Anfang ge=
habt und nur ihre Verlängerung nach rückwärts mag den atmosphäri=
schen Niederschlägen der Folgezeit zugeschrieben werden. Daß in dem
großen See, welcher das Frankenland bedeckte, das Niveau des Wassers
mit der Vertiefung des Altmülbeetes und aller übrigen Abflußöffnungen
desselben gleichmäßig sank, bis die heutigen Zustände eingetreten waren,
bedarf kaum einer Erwähnung. Das große Becken des Rieses z. B.
scheint selbst bis in jene Zeiten einen See beherbergt zu haben, da die
um dasselbe höher liegenden Gegenden schon von zahlreichen Bewoh=
nern besetzt waren. Die Tradition des Volkes spricht von dem See
und von Schiffen, die auf demselben gefahren.

Schließlich kommen wir nun zu einer Frage, welche jenes wasser=
lose Thal betrifft, welches sich von Dolnstein nach Kunstein,
Hüting und Steppberg sechs Stunden lang erstreckt. Viele Stim=
men schrieben die Entstehung desselben aus allerlei Gründen, von
welchen einige nicht untriftig schienen, einem früheren Herüberströmen
der Donau oder eines Armes derselben in das Altmülthal zu, und
diese Annahme ist noch heutzutage als eine nicht zu bezweifelnde in
der ganzen Gegend und bei auswärtigen Schriftstellern verbreitet.
Dessenungeachtet stimmen wir derselben nicht bei, sondern müssen aus
anderen Gründen gerade das Gegentheil behaupten, daß nämlich eine
große Wassermasse von dem Altmülthale weg ihren Lauf zur Donau
genommen und dadurch das dazwischen liegende Thal ausgegraben

habe. Alle diejenigen, welche das Wasser der Donau zur Altmül
herüberführen, setzen das Zwischenthal als eine fertige Sache voraus
und scheinen hiemit anzunehmen, daß es bei der Gebirgsformation
gleich an sich selbst seine Entstehung erhalten habe. Dadurch kommen
sie freilich über die Hauptschwierigkeit in ihrer Erklärung hinweg,
unterlassen aber, uns zu sagen, was sie berechtige, für dieses Thal eine
Ausnahme von dem Entstehungsgange aller anderen Thäler der Alt=
mittalp vorauszusetzen. Sie verwickeln sich bei dieser Voraussetzung
noch in weitere nachtheilige Consequenzen. Denn wenn sie das er=
wähnte Zwischenthal von Urbeginn bestehen lassen, so haben sie keine
Ursache, mit den übrigen Fluß= und Bachthälern der Altmülalp eine
Ausnahme zu machen und müssen also denselben Fall von Dolnstein
an bis nach Kelheim auch für das Altmülthal annehmen, weil denn
doch das Donaugewässer, welches durch das fertige Thal von Hüting,
Wellheim und Kunstein herbefloß, in seiner tiefen Lage nicht über die
anstoßenden Berge bei Dolnstein hätte hinwegkommen können. Dieser
Annahme aber, daß auch das Altmülthal schon bei der Formation
des Gebirgstockes entstanden sei, widersprechen so viele schlagende Gründe,
daß sie unmöglich widerlegt werden können. Wer in dieses Thal kommt,
braucht nur die Augen unbefangen zu öffnen, um zu erkennen, daß es
von durchströmendem Gewässer allmälig gebildet wurde. Dieselben
Spuren der Durchgrabung zeigen sich aber unverkennbar auch bei dem
Zwischenthale von Dolnstein bis über Hüting hinaus. Es wurde also
unstreitig gleichfalls durch Gewässer nach und nach gebildet und es
fragt sich nur, ob die Arbeit durch die Donau oder durch die Altmül
vorgenommen wurde. Das Bestehen des großen Donausees, der
sich über ganz Schwaben und Bayern südlich der rauhen Alp, der
Altmülalp und des bayerischen Waldes ausdehnte, wird als eine ebenso
factische Sache vorausgesetzt, wie das Dasein des fränkischen Sees
in Mittelfranken, einigen Theilen der Oberpfalz und angränzenden
Landschaften gegen Norden und Westen. So lange sie in gleicher Höhe

standen und ihr Gewässer sich über der Altmülalp vermischte, fand keine stätige Bewegung desselben nach der einen Seite hin statt. Diese geschah erst, nachdem einer der Seen tiefer gesunken war, als die Höhe des dazwischen liegenden Gebirgsstockes betrug. Der niedrigste Theil desselben war die Altmülalp, und über ihr Plateau begann sogleich die Strömung, als das eine Gewässer unter deren Niveau zurückgegangen war. Ueber die höheren Theile des Jura, z. B. über die rauhe Alp, entstand kein Zug des Gewässers, sondern alle Wogen des Sees eilten den Stellen zu, wo der Uebergang möglich war. Nun kommt es nur darauf an, die Gründe auszumitteln, welche die genommene Richtung der Strömung nachweisen oder wenigstens zur größten Wahrscheinlichkeit führen. Da wir wissen, daß der Albuch, das Härtfeld und der Hahnenkamm sich nicht höher erheben, als die Altmülalp, so mußte auch über diese der Wasserzug beginnen. Nun finden wir aber bei ihnen von Dinkelsbühl an bis zur Altmülalp, kurze Bachthäler ausgenommen, keine Flußbeete nach Norden. Die Brenz, die Egge oder Egau, die Kessel und die Olach nicht weit von Harburg, sowie die Usel bei Renartshofen, öffnen ihre Thäler nach Süden. Alle übrigen von diesen nördlich gelegenen Wasser und Thäler wenden sich der Wörnitz zu, welche sich einen Durchgang bei Harburg höhlte und hierin eine Aehnlichkeit mit der Altmül hat. Dieß spricht deutlich dafür, daß die Einströmung des Gewässers von dem fränkischen See zum Donausee stattfand. Denn im umgekehrten Falle würden wir die großen Wasserrinnsale auf der entgegengesetzten Seite finden. Ferners müßten wir, wenn auch nur eine lange Zeit fort das Hinüberfließen der Donauseegewässer gedauert hätte, auf einigen Strecken gegen den nördlichen Rand der Hochebene Wasserbeete treffen, welche jetzt als wasserleere Gräben von den Ereignissen der Vergangenheit Zeugniß ablegen könnten. Dazu kommt noch, daß bei einem Uebertritt der Donaugewässer zur Altmül der Strom nach Dolnstein nicht der einzige geblieben wäre. Bei seinem vorauszusetzenden hohen Gange müßte er

auch bei Wafferzell, bei Pfünz, bei Arnsberg und Kipfenberg, selbst bei
Altmanstein eingeflossen sein. Die Entgegnung, das Waffer der Donau
sei nur so lange in's Altmülthal gelaufen, als das Becken von Stepp=
berg noch geschlossen war, widerlegt sich von selbst, da die Berghöhen
unterhalb dieses Ortes viel zu niedrig waren, als daß sie das Ge=
wässer hätten zu der Höhe stauen können, um auf das viel höhere
Plateau der Altmülalp zu gelangen. Man darf nur immer nicht ver=
gessen, daß das Zwischenthal, welches in Rede steht, noch nicht bestand
und erst gebildet werden mußte. Ueberdieß wird das Thal der Wör=
nitz bei Harburg nicht außer Acht zu lassen sein. Denn bei einem
so hohen Wasserstand der Donau, wie er zu ihrem Uebergang nach
Dolnstein anzunehmen ist, müßten sich die Wellen dieses Flusses auch
durch das Wörnitzthal in das Becken des Rieses ergossen haben. Was
nun die übrigen Gründe betrifft, welche entgegen zu halten sind, so
führen wir nur einige an. Im ganzen Rieder= und Schutterthale, so=
wie auf deren Berghängen und Höhen findet sich nichts von den ab=
gerundeten Kalksteinen, womit der Boden des Donausees bedeckt war.
Bei den furchtbaren Stürmen, von welchen noch in jenen Zeiten der
Grund des Sees unläugbar oft genug aufgewühlt wurde, hätte von
dem Strome ihrer eine Menge hinübergetragen werden müssen. Wenn
sie sich bei Raffenfels häufig finden, so braucht man sie nicht auf Rech=
nung eines durch das Schutterthal gehenden Donauarmes zu setzen.
Sie wurden von den Wogen des dort hereinspülenden Donausees her=
beigebracht, die auch die Höhe von Bergheim anschwemmten und
ungeheuere Massen Geröll an dem südlichen Fuße der Altmülalp bis
Eitensheim und weiter hin aufschütteten. Es war eben das Ufergebiet
des Sees. Dieselben Wogen legten auch den Damm von Steppberg
und bis Ellenbrunn an. Und als sich der fränkische See gleich=
falls durch die Thore, welche er sich bei Harburg und in der Altmül=
alp, sowie in das Vilsthal gebahnt, bis zur Keupersohle entleert hatte,
trat der gewöhnliche Flußgang der Altmül ein, und sie hatte kein

Waffer mehr vorräthig, um es zur Schutter und zur Donau zu senden. Selbst wenn die Altmül bei Dolnstein heutzutage noch so hoch über ihre Ufer tritt, mag sie nicht mehr die Reise in das Riederthal an= treten, noch viel weniger macht sich die Donau von Steppberg aus auf den Weg. Wie wenig die um 12 bis 18 oder wohl gar 35 Fuß niedrigere Lage des Altmülspiegels bei Dolnstein unter dem Niveau der Donau bei Steppberg, die freilich nicht erwiesen ist, bei unserer Frage in Betracht kommt, haben diejenigen nicht erwogen, welche darauf einen ihrer Hauptbeweise gründeten. Denn dieser Umstand hat sich ja eben nicht geändert, und sie haben uns also zu erklären, warum die Donau so eigensinnig ist, den alten Weg nicht mehr zu gehen, an dem sie trotz des Durchbruches unterhalb Steppberg bei ihrem noch immer gleich vortheilhaften Niveau durchaus nicht gehindert wäre. Für einen anderen Fluß wäre auf solche Entfernung ein Gefäll von 18 oder 35 Fuß immer hinlänglich, seinen gewohnten Lauf nicht aufzugeben. Die jetzt in dem langen Thale zwischen beiden Flüssen liegenden hohen Anschüttungen hätten ja nicht stattfinden können, wenn das Maß des heutigen angeblichen Wasserniveau's die Ursache der Strömung gewesen wäre. Was den weiteren Grund für das Herüberströmen der Donau in das Altmülthal betrifft, daß die größere Breite dieses Thales erst von Dolnstein an beginne und für ein größeres Gewässer Zeugniß gebe, so ist damit nichts bewiesen, als daß die Altmül in späterer Zeit oberhalb dieses Punktes einestheils durch die feste Felsenbildung an weiterer Ausbreitung gehindert war und anderntheils, als ihr Ge= wässer tiefer sank, leicht durch Tiefe und Raschheit ersetzte, was ihr an Breite gebrach. Diesen Brauch haben alle Flüsse, wenn ihr Beet ein= geengt wird. Und als nach dem Abflusse des Hintersees die Wasser= menge der Altmül auf ihr gewöhnliches Maß reducirt war, bedurfte sie keines breiteren Thales, als wir es heutzutage oberhalb Dolnstein sehen.

Wir müssen uns bei unsern Lesern entschuldigen, daß wir ihre

Geduld mit dieser langen Deduction ermüdet haben. Allein das Rieder=
thal ist in geognostischer Beziehung eine äußerst interessante und seltene
Erscheinung, und da über dasselbe in verschiedenen Schriften schon so
vieles gesprochen wurde, so hätte man es uns füglich verdenken müssen,
wenn wir über diese Frage geschwiegen oder sie in einem Buche von
der Altmülalp ohne ernste Erörterung nur obenhin behandelt hätten.

Für Freunde schöner Landschaftlichkeit und romantischer Ansichten,
welche Lust haben, die Altmülalp zu durchwandern, fügen wir noch
einige Bemerkungen bei. In den meisten Gegenden derselben ist kein
Mangel an anständigen, ja auch guten Gasthäusern, in welchen man
mit schmackhaften Speisen, guten Getränken und reinlichen Betten um
billige Preise wohl versorgt wird. Nur muß man sie immer in Städt=
chen und Marktflecken suchen und nicht den raffinirten Luxus von Hotels
der Weltstraßen fordern. In Dörfern ist dieß mit Ausnahme von
Kinding und Schamhaupten nicht der Fall. Am meisten läßt
die Gegend von Wellheim und der Landstrich zwischen Greding und Eich=
stätt in dieser Hinsicht zu wünschen übrig. Allein hierüber zu schelten
oder zu spotten hat man keinen Grund. In den genannten Bezirken
sind nur Dörfer, und dem einfachen Landvolke derselben ist das ge=
ringste Maß von Küchenluxus unbekannt. Die gewöhnlichen Speisen
sind von Mehl und Milch bereitet. Fleisch kommt nicht täglich auf
den Tisch, und wenn es eines gibt, so ist es geräuchertes Schweine=
fleisch, das sogar nicht selten ist und immer mit Sauerkraut aufgetischt
wird. Ochsen= und Kalbfleisch ist in der Regel ein Essen für Hoch=
zeiten, Kirchweihen und höhere Festtage. Auch von der dort herrschen=
den Kochkunst darf man sich natürlich nur bescheidene Vorstellungen
machen. Bei solchen Verhältnissen kann man also in den Dorfwirths=
häusern weder eine geeignete Mittags= noch Abendkost erwarten. Für
wen sollte auch eine gute Küche in Bereitschaft sein, da Niemand da=
von Gebrauch machen würde? Reist man also durch diese Gegenden,
so ist es rathsam, sich für den Nothfall mit einigem kalten Braten

zu versehen. Die ganze Tour durch die Altmülalp kann ein etwas rüstiger Fußwanderer in 11 bis 12 Tagen vollständig zurücklegen, wenn er sich nach der im V. Abschnitte folgenden Reiseroute richten will. Mit wahrem Genusse und auf die vollkommenste Weise lernt man dieses Bergland nur zu Fuße kennen. Am besten wird man thun, wenn man die Wanderung auf zwei verschiedene Zeiten vertheilt, indem man etwa das erstemal die Tour bis Neuburg und das anderemal, mit der Donaureise beginnend, den Rest des Landstriches durchwandert oder die umgekehrte Richtung verfolgt.

II.

Die Hochebene der Altmülalp.

Keine Bergspitzen und Kuppen, sondern nur wenige Erhöhungen ragen auf der Hochebene der Altmülalp hügelartig über die Fläche empor. Der ganze Raum derselben bildet ein weitgedehntes Tafelland, welches häufig von wellenartigen Erhöhungen und Vertiefungen unterbrochen ist. Wenn man über diese Ebene hinwandert, öffnet sich dem Blicke meistens eine freundliche Aussicht auf mehrere Dörfer, deren Kirchthürme friedlich gegen Himmel ragen. Man kann nicht selten zehn bis zwanzig Ortschaften und darüber im Gesichtskreise zählen, und das Schönste ist, daß dieß alles von einem Waldsaume wie mit einem Rahmen umkränzt ist. Darum glaubt man beständig auf einer Landfläche zu wandeln, bis plötzlich sich der Pfad oder die Straße neigt und entweder auf steilem Steige oder durch einen der häufigen Bergeinschnitte zu einem Thale hinunterführt, in welchem ein Bach oder Flüßchen durch schöne Wiesengründe fließt. In einigen Gegenden des Plateaus findet man einzelne Dörfer, die ganz von Waldungen eingeschlossen sind. Mehrere davon sind klein und tragen vollkommen das Gepräge von Waldbörfern. Dagegen haben die Ortschaften bei Bömfeld und Altmanstein gegen Süden, der Donau zu, eine ganz offene Lage.

Die bedeutendste hügelartige Erhöhung auf unserer Hochebene ist der Eierwanger Berg, eine Stunde südlich von Greding. Er ist oben mit Wald bewachsen und bietet Botanikern und Kräutersammlern erwünschte Ausbeute. Man hat von seinem Rücken eine herrliche Aussicht nicht bloß über einen großen Theil des Plateaus, sondern auch weit über dessen Gränzen hinaus nach dem Hesselberg, nach Wilzburg, bis zu den hinter diesen liegenden Bergen und Wäldern, über die Fläche von Neumarkt, ja bis zum Hohensteine, dem Rothenberge und der alten Burg von Nürnberg. Von diesem Berge führen wir als besonders merkwürdig ein Ereigniß an, welches sich im Jahre 1822 zugetragen hat. „Den 18. März, Nachts von 9 bis 12 Uhr, nachdem den ganzen Tag über ein heftiger Sturmwind geherrscht hatte, brach nach ein paar leichten Erdstößen auf der Spitze des Bügelberges (so heißt er bei den Einwohnern) unter einem Kalkfelsen in nördlicher Richtung ein Feuer hervor, womit zugleich drei bis vier Fuß weit ein Auswurf von schwarzgrauer, der Steinkohlenasche ähnlicher und nach Ruß und Schwefel riechender Erde, mit schwarzgrauen, zum Theil ganz weichen, zerbrechlichen und festen kleinen Kalksteinen und mit torfartigen Resten von verbrannten Pflanzentheilen vermengt, verbunden war. Der Ausbruch des Feuers währte, bald stärker, bald schwächer, gegen drei Stunden fort; nachher wurde nichts mehr bemerkt außer am 13. April frühe von 4 bis 5 Uhr bei äußerer Windstille und tiefem Barometerstande nicht weit von jener Oeffnung ein starkes Brausen im Berge gleich einem unterirdischen Wasserfalle, und wurde dasselbe am 17. April noch einmal vernommen." (Plant, Medicinal-Topographie des Landgerichts Greding Seite 27.) Schöne Fernsichten gewähren außerdem die Ludwigshöhe und die Wilzburg (1955') bei Weißenburg, die Höhe bei Kaltenbuch (1830'), nordöstlich von dieser Stadt, das Schloß Hirschberg, der Paulushofer Berg, der Bayersdorfer Berg, die Riedenburg, der Thurm von Randeck, die Höhe bei Heppberg, der Steinberg bei Schelldorf, der Michels-

berg bei Kehlheim, der Reisberg, nicht weit von Eitensheim, die
Pietenfelder Höhe, der Mühlberg bei Attenfeld, der Kuchen=
berg am Hütinger Thale, die Höhen von Gamersfeld (1677),
Haunsfeld, Bisenhart und mehrere andere. Von vielen der an=
geführten Punkte, besonders von jenen, welche gegen den südlichen Rand
der Alp hin liegen, sieht man bei günstiger Witterung das bayerische
Hochgebirg in langer Linie am fernen Horizonte. Diesen Anblick kann
man auch auf der Höhe bei Wimpafing (1720'), ein halbes Stünd=
chen von Eichstätt, genießen. Daraus ergibt sich, daß die Hochebene
der Altmülalp sich mancher Reize erfreut, durch welche sie einen großen
Vorzug vor gewöhnlichem Flachlande gewinnt. Man sieht sich auf ihr
wie auf ein weites Schaugerüste erhöht, von welchem man, hier nörd=
lich, dort südlich, die Blicke über die unten liegenden Flächen bis zu
den näheren oder ferneren Wäldern und Bergen vergnügt schweifen
lassen kann.

Eine besondere Zierde geben ihr ferner die vielen und schönen
Waldungen, welche über sie allenthalben ausgebreitet sind. Sie wirken
nicht bloß erfrischend für das Auge, sondern gewähren, wenn man bei
der Hitze des Sommers von ihren Räumen empfangen wird, sowohl
dem Körper als dem inneren Gefühle eine wohlthätige Erquickung,
da Bergwälder, wie diese, einen reichen Duft von Wohlgerüchen athmen,
und durch die Abwechslung der Gehölze und Baumarten, durch schön
gewundene Wege, durch die bemoosten Felsen und Steine und den
Gesang und Ruf ihrer zahlreichen Vögel einen eigenen Zauber üben.
Außer den Gebirgen der Alpen, des bayerischen Waldes, des Fichtel=
gebirges und Spessarts finden sich im Königreiche kaum irgendwo so
viele große Waldcomplexe als auf der Altmülalp. Die bedeutendsten
dieser zusammenhängenden Massen sind: Der Weißenburger
Wald mit dem Raitenbucher und Schernfelder Forste, der
Wittmes zwischen Eichstätt und Wellheim, das Rapperszeller
sammt dem Altdorfer Revier, der Hofstetter mit dem Böhm=

felder Forste, der Köschinger, der Hienheimer Forst. Bei Jachenhausen, eine Stunde nörblich von Riedenburg, beginnt ein Waldland, anfangs mit etlichen kleinen eingestreuten Dörfern, das sich mit dem unmittelbar anstoßenden Kelheimer, Paintner und Frauenforste fünf Stunden in die Länge und vier in die Breite erstreckt. Der Wald, welcher durch den Hofstetter, Böhmfelder, Schelldorfer und den großen Köschinger Forst gebildet wird, und nur wenige Dörfchen in seiner Mitte birgt, ist über sechs Stunden lang und streckenweise drei Stunden breit. Diese Waldcomplexe um= fassen je 40,000 bis 50,000 bayerische Morgen und darüber. Die Fruchtbarkeit ihres Bodens ist mitunter so ausgezeichnet, daß sie großen= theils auf einen Morgen das forstmäßige Fällen von jährlich einer Klafter erlaubt. Die großen und schönen Waldungen der Altmülalp übten, wie uns Sage und Geschichte berichten, schon auf die fränkischen Könige einen lockenden Einfluß. Pipin der Kleine und sein Sohn Karl der Große hielten sich oftmals längere Zeit in der Umgegend von Weißenburg auf, um im Weißenburger Walde dem Waidwerke obzuliegen. Sie gründeten das Kloster Wilzburg, um eine bequeme Jagdherberge zu haben, und die Tradition erzählt, daß sie mitten im großen Forste, in dem sogenannten Geländer, zur Züchtung guter Pferde ein Gestüte gehalten haben.

Die vorherrschende Baumart dieser Waldungen ist die der Nadel= bäume, besonders der Rothtannen (Fichten). An diese reihen sich die Föhren an, welche gleichfalls in großer Menge vorhanden sind. Weiß= tannen finden sich nur in den östlichen Gegenden. Lärchenbestände sind seltener. Buchen trifft man immer noch häufig an, nur sind reine Buchenwaldungen nicht mehr so gewöhnlich wie ehedem, und in den Thälern unserer Alp stehen viele Berghänge von nörblicher Lage heutzutage kahl, die vor 60 oder 70 Jahren noch mit prachtvollen Buchen geschmückt waren. Eichen sind zwar in allen diesen Wäldern immerhin noch zahlreich zu finden, aber eigentliche Eichenwälder außer

im Hienheimer Forste eine seltene Erscheinung. Diese Riesen des deut=
schen Waldes kommen zwar stellenweise in schönen Gruppen vor, aber
meistens ragen sie einzeln zwischen den Wipfeln der anderen Wald=
bäume empor und ihre verdorrten Häupter und Arme geben Zeugniß
von ihrem hohen Alter. Die große Lücke, welche sich zwischen diesen
Greisen und der ihnen zunächststehenden Nachkommenschaft findet, welche
die Reihenfolge zu vermitteln hat, erklärt den Mangel dieser Holzart
vollkommen. In unseren Tagen wurde für ihren Nachwuchs genügend
gesorgt, und es würde noch mehr geschehen, wenn man bei der Be=
pflanzung des Waldes nicht so gierig nach den Prozenten des Tages
jagen wollte. Birken kommen sehr häufig vor. Auch an Espen ist
kein Mangel. Eschen, Ulmen, Erlen, Linden, Ebereschen, Weimuths=
kiefern sind seltener, Eiben vereinzelte Funde. Von Exemplaren außer=
ordentlicher Waldbäume unserer Altmülalp wissen wir nur zwei anzu=
führen. Diese sind erstlich „die große Fichte" im Affenthal, anderthalb
Stunden nördlich von Eichstätt. Ihr Umfang ist 2 Fuß von der
Erde 18 Fuß, ihre Höhe wird zu 114 Fuß angegeben. Der Gipfel,
welchen sie vor mehr als 40 Jahren durch einen Blitzschlag verlor,
war 36 Fuß lang. Die Aeste beginnen erst in einer Höhe von etwa
22 Fuß. Ein stattlicher Baum, der wohl über ein paar Jahrhunderte
hier stehen mag und sich noch immer gesund und kräftig zeigt. Der
andere Riesenbaum ist eine Eiche in Hienheiner Forste in der Nähe
des Weges von Schlott nach Weltenburg. Sie hat zwar keine außer=
ordentliche Höhe, aber 4 Fuß vom Boden einen Umfang von 27 Fuß.

Der Boden, womit die Hochebene bedeckt ist, besteht größtentheils
aus Thon, welcher meistens mit Dammerde gemischt ist, bald mehr,
bald minder. Deßhalb ist er zum Anbau der meisten Getreidfrüchte
sehr tauglich und gibt nicht bloß reichlichen Ertrag an Roggen und
Gerste, sondern auch an Weizen und Spelt oder Dinkel. Hülsenfrüchte
aller Art, Flachs, Kopfkohl, allerlei Rüben gedeihen sehr gut, und der
Anbau von Futterkräutern gewährt reichlichen Ertrag. Die besten Steck=

rüben oder bayerischen Rübchen liefert ein Bergfeld bei Breitenfurt.
Die Obstbaumzucht ist auf dem Lande allenthalben in kläglicher Weise
vernachlässigt. Oestlich vom Raitenbucher Forste tritt der hohen Lage
wegen die Reife der Früchte fast um vierzehn Tage später ein als in
den übrigen Gegenden der Alp. Wo der Thongehalt des Bodens
weniger vorherrschend ist, sind die Felder in der Regel sehr steinig, und
manche derselben mit kleinem Gesteine gleichsam überschüttet. Doch
verhindert dieser Umstand den Anbau solcher Strecken nicht und man
ärntet darauf, wenn auch weniger, dafür desto besseren Roggen, der
häufig als Saamengetreide gesucht wird. Sandige Strecken, wenn auch
nicht von bedeutendem Umfange, finden sich nicht gar selten und be=
sonders da, wo die Absenkung der Alp nach Süden beginnt. Guter
Hafnerlehm kommt an einigen Orten vor. Er wird besonders in den
Dörfern Pollenfeld und Wermersdorf zu Hafnergeschirr ver=
arbeitet, das freilich noch einer großen Verbesserung bedürfte. Mehr
rühmte man ehemals das Geschirr von Treuchtling, dessen Güte
aber in den letzten Jahren wegen Vertheuerung des Holzes ziemlich
nachgelassen haben soll. Fast überall stößt man auf einzelne Quarz=
kiesel. Es gibt aber auch manche Strecken, welche in größerer Aus=
dehnung mit diesem Mineral so wie mit Hornstein reichlich bedeckt
sind, oder es in nesterartigen Gruben enthalten. Die Glashütten von
Schönbrunn und Kunstein holen den benöthigten Quarz in ziemlicher
Nähe. An einzelnen Stellen zeigen sich auch größere Quarzklumpen,
ja ganze Felsblöcke, welche lange Zeit für Dolomitklötze angesehen wur=
den, z. B. bei Nassenfels. Krugerde gräbt man bei dem Dorfe Pütz
im Landgerichte Kipfenberg und wurde früher zu einer Krugbäckerei in
Schönbrunn verwendet, die jedoch schon längst eingegangen ist.
Ziegeleien finden sich zahlreich auf dem ganzen Plateau, viele auch in
den Thälern.

An vielen Punkten, und wie es scheint über die ganze Hochebene
verbreitet, ist Eisenerz gelagert. So lange der Hochofen von Obereich=

stätt noch im Gange war, grub man viel Bohnenerz im Raitenbucher
Forste in der Grabschwart, auf den Feldern von Renßling, Raiten=
buch, Burgsalach, Lormannshof, Polenfeld, Weizenhofen, Biburg,
Erkertshofen, Petersbuch, Wermersdorf, Wachenzell, Hirnstetten, Hauns=
feld und anderen Orten, und in der letzten Zeit entdeckte man reiche
Lager bei dem Oekonomiehofe Neüfang (Riefang), die jetzt unbenützt
liegen. Die Stollen bei Pfraunfeld und Bergen lieferten in nachhalti=
ger Weise rothen Thoneisenstein. Auch bei Schafshüll, bei Pondorf,
Thann wurde früher Erz für das Eisenwerk von Schelneck gegraben.
Am reichsten aber scheint jedenfalls die Gegend von Neüfang zu sein.
Die zu frühe Einstellung der Arbeit gestattete nicht, den Umfang des
Erzschatzes kennen zu lernen. Die bis jetzt geöffnete Grube ergab mehr
als 30 Fuß hinab die reichlichste Ausbeute, und der Segen an Erz
schien in dieser Tiefe erst recht ergiebig zu beginnen. Ganze Blöcke
ungemischten Erzes zeigten sich, oft mehrere Zentner schwer und mit
einem Eisengehalte von 45—50 Prozent. Das Erzlager scheint sich
nach den Seiten hin, besonders gegen Süden, noch weit auszudehnen.

Merkwürdig ist der Fund von großen Thierresten, die man beim
Ausgraben von Sand oder Erz an mehreren Stellen der Altmülalp
fand. Im Raitenbucher Forste, in der Nähe der hohen Straße,
befinden sich Sandhügel, aus welchen schöner weißgrauer Sand gegra=
ben wird, welcher in nesterartigen Höhlungen liegt. „Aus diesen
Höhlen grub man schon vor mehreren Jahren die größten Thierknochen
von mammuthsähnlicher Form, und noch immer sind sie voll von Ge=
rippen großer und kleiner Thiere, worunter Knochenstücke von Elephan=
ten, Rhinozeros, Höhlenbären 2c. 2c. enthalten sind." (Plant, Medicinal=
Topographie des Landgerichts Greding, 1823. Seite 24.) Ebenso
machte man dergleichen Funde in den zur Ausbrütung des Erzes durch=
grabenen Höhlungen der Grabschwart. „In diesen Berghöhlen fand
man vor mehreren Jahren öfters ungeheure Thierknochen, Kopf=, Rip=
pen= und Rohrbeine, auch große versteinerte Zähne u. dergl., seit fünf

Jahren aber nichts mehr." (Ebendaselbst Seite 23.) Auch in der
Nähe Eichstätts, im Thale, wurden in den zwanziger Jahren bei Gra=
bung eines Sommerkellers (des Hellbräukellers) aus einem tiefen Lehm=
lager mehrere Mammuthknochen zu Tage gebracht.

Die ganze Hochebene unserer Alp, wie des Juragebirges über=
haupt, ist ohne Quellen. Man hat nur solches Wasser, welches man
beim Schneeschmelzen und durch Regen von Hausdächern und Rinn=
salen erhält und zum Hausgebrauch in Cisternen, für die Viehtränke
in großen wasserdichten Gruben, hier Hüllen genannt, sammelt. Das
Wasser der Cisternen nennen die Einwohner „Spatzenwasser." Wenn
der Himmel lange Zeit seine Schleußen verschlossen hält, müssen die
Landleute mit viel Mühe und Kosten, sowohl im Winter als im Som=
mer, sich den Bedarf für Menschen und Vieh von den Flüssen und
Bächen der benachbarten Thäler herbeiführen. Der Mangel von Wasser
im Boden des Plateaus erklärt sich aus den unzähligen Rissen und
Klüften des Kalkflötzes, welche den atmosphärischen Niederschlag ver=
schlingen und bis zur geschlossenen Gebirgsgrundlage niederleiten, wo
die Wassermassen am Fuße der Bergwände in starken Quellen in den
Thälern hervorbrechen. Wenn sich gleichwohl hie und da auf der Hoch=
ebene, selbst auf bedeutender Höhe, Plätze, wohl auch Brunnen finden,
welche ständiges Wasser liefern, wie z. B. in Gammersfeld, Ebers=
wang, Adelschlag, Ochsenfeld, Polenfeld, Pietenfeld,
Schönbrunn, Schwaben bei Riedenburg, Tettenwang, Stamm=
ham ꝛc. ꝛc., so darf man dieß keiner anderen Ursache zuschreiben, als
daß an solchen Stellen eine dicke, wohlgeschlossene Thonunterlage das
Verrinnen des Wassers hindert. Eine wirkliche Ausnahme macht die
östliche Seite des Plateaus zwischen dem Schwarzach= und Sulzthale,
wo einige Bäche, z. B. der Biberbach, hoch oben am Berge hervor=
sprudeln und für die Undurchbringlichkeit der dortigen Steinflötze Zeugniß
geben. Allein diese Gegend scheint schon an der Beschaffenheit der be=
nachbarten Lias= und Keuperformation zu participiren. Auch die Be=

merkung ist hier beizufügen, daß der Verfasser dieses Buches vor etwa achtzehn Jahren in dem Gartenbrunnen des Einödhofes Herlings= hart bei Emsing Schwefelwasser, unverkennbar in Geruch und Ge= schmack, geschöpft hat.

Eine andere Merkwürdigkeit unserer Hochebene, die sie freilich mit dem ganzen fränkischen Landrücken gemein hat, sind die vielen Erd= fälle, welche man auf derselben findet. Sie werden von den Ein= wohnern „Reindeln" genannt, und sind weder Wolfsgruben der Vor= zeit, noch alte verlassene Erzgruben, was beides von Landesunkundigen vermuthet wurde, sondern Einbrüche der Erdrinde, welche in die unten befindlichen Höhlen und Gänge hinabsank. Auf der Westseite des Rupertsberges zwischen dem Altmül= und oberen Anlauterthale kom= men diese Reindeln in solcher Menge vor, wie man sie unseres Wis= sens im fränkischen Jura nirgend findet. Man zählt sie zu vielen Dutzenden. Und ihre Zahl vermehrt sich noch immer von Zeit zu Zeit, und oft an Plätzen, wo sie den menschlichen Wohnungen Gefahr bringen. Dieß war vor wenigen Jahren zweimal der Fall. Bei dem Dorfe Oberndorf auf dem Khevenhüller Berge bei Beilngries zeigt man eine Stelle, wo ein ganzes Dorf in solcher Weise versunken ist. Es ist dieß kein Volksmährchen, sondern der Ort bestand wirklich, hieß Frankendorf und kommt in Urkunden von den Jahren 1305 und 1306 mit Oberndorf und von anderen Jahren vor. Diese Reindeln lassen mit unbestreitbaren Gründen schließen, daß im Innern des Ge= birgsstockes eine Menge Höhlen und Gänge, vielleicht weitgedehnte Ge= wölbe vorhanden sind, welche, wenn sie zugänglich gemacht wären, dem Geognosten und überhaupt dem Naturforscher viel Merkwürdiges dar= bieten würden. Sie sind unverkennbar die Wassersammler für die in den Thälern hervorbrechenden Quellen, und die unter ihnen liegenden Höhlen liefern auch die Wassermassen für periodische Wasserstürze, welche an den Thalwänden ihre Vorräthe in die Tiefe liefern. Vor etwa vierundfünfzig Jahren brach im Sommer beim schönsten Wetter unter=

halb des Dorfes Windishhof ganz nahe an der Westenvorstadt
von Eichstätt, etwa 300 Fuß oberhalb der Landstraße, Morgens um
neun Uhr plötzlich aus der Bergwand eine bedeutende Wassermasse
heraus, welche sich in die Schlucht der sogenannten Wolfsbrossel
und durch diese in das Thal hinab und zur Altmül ergoß. Der
Strom derselben dauerte gegen dreißig Stunden an und war so stark,
daß die Speculation bereits an die Anlegung einer Mühle dachte.

Der merkwürdigste dieser periodischen Wasserstürze aber ist der so=
genannte Edelbach in der Stadt Eichstätt. In einer Bergeintiefung
hinter dem Kloster St. Walburg, welche in einem Manuscripte des
Mittelalters das „Edelinsthal" genannt wird, stürzt zur Zeit, wenn
der Schnee auf den Bergen schmilzt oder nach längeren Regengüssen,
aus dem Innern des Berges von beträchtlicher Höhe herab ein groß=
artiger Wasserfall mit donnerähnlichem Getöse. Sein Gewässer läuft
durch einen gewölbten Gang unter den Gebäuden und dem Hofe des
Klosters grollend in die Tiefe und zur Altmül. Zur Zeit, als hier
noch kein Gebäude stand, mag dieser Wasserfall in dem Urzustande der
Wildheit einen majestätischen Anblick gewährt haben. Die Bewohner
Eichstätts sind nicht damit zufrieden, den Zufluß dieser Cascade jenen
Höhlen und Kammern zuzuschreiben, von welchen oben die Rede war,
sondern sie stellen sich einen See vor, welcher sich im Bauche des Ber=
ges weit ausbreite und dem Edelbache seinen Ueberfluß abgebe. Sie
denken sich sogar, durch diesen See eine Verbindung des Edelbaches
mit dem Weißelbache bei Titting, welcher drei Stunden von Eichstätt
entfernt fließt. Manches Mütterchen betet mit Bangen, Gott und die
heilige Walburga möge das Bersten des Berges verhüten und die
Stadt vor dem Untergange bewahren. Viele Leute in der Stadt er=
zählen sich treuherzig, es werde von Seite des Klosters alle Jahre ein
Fläschchen Walpurgisöl und ein goldener Ring in den Schlund des
Wasserfalles geworfen, um durch dieses Opfer die Gnade des Himmels
zu gewinnen und das Verderben abzuwenden.

Für die unterirdischen Kammern und Gänge des Gebirgsstockes
geben auch die tiefen Höhlen ein gewichtiges Zeugniß, welche an man=
chen Stellen des Plateaus gezeigt werden. Diejenigen, welche in der
Gegend von Velburg zahlreich vorhanden sind, sowie das sogenannte
Pumperloch bei Weilheim im Landgerichte Monheim liegen nicht im
Bereiche unserer Aufgabe. Wir haben hier nur von dem Hohloche
bei Raitenbuch zu sprechen, welches Döberlein „die erstaunliche, Men=
schen und Vieh verschlingende Höhle" nennt. Es befindet sich nicht
weit südlich von Raitenbuch an einem Waldsaume. Wenn man näher
hinantritt, so zeigt sich ein unförmiges acht bis zehn Fuß weites Loch,
dessen Seitenwände sich gegeneinander richten. Etwas weiter hinab
gähnt die schwarze unheimliche Tiefe, deren senkrechtes Maß, wiewohl
seit Menschengedenken Niemand eine Untersuchung angestellt hat, auf
70 Fuß angegeben wird. Wenn ein Stein in gewisser Richtung
hineingeworfen wird, so hört man dessen Hinabpoltern über eine gähe
Felsenhänge mehrere Secunden lang, bis er unten hart und klingend
auffällt. Zur Sommerszeit um Mittag, wenn die Sonnenstrahlen
mehr senkrecht hineinfallen, erblickt man etliche Gewölbe in der durch=
brochenen Steinwand. Wie es unten aussieht, weiß Niemand zu sagen;
es ist bloße Tradition des Landvolkes, daß in der Tiefe viele, erstaun=
lich lange Gänge auseinander gehen. Auch im Landgerichte Kipfenberg
bei dem Dörfchen Krut ist eine nicht unbedeutende Höhle, die Arnt=
höhle genannt. Sie hat die Größe einer mittelmäßigen Kirche, aber
wenige und gewöhnliche Tropfsteinbildungen. An den Berghängen der
Thäler sind noch manche andere Höhlen zu sehen, darunter das Schu=
lerloch bei Kelheim. Von diesem wird am geeigneten Orte die Rede
sein. An dieser Stelle gedenken wir nur noch des Silberloches in
der unteren Altmühlgegend. Es befindet sich im Teufelsthal, dessen
Eingang bei dem sogenannten Felsenhäusel beginnt. Diese Höhle
senkt sich in bedeutende Tiefe hinab, ist aber noch wenig untersucht
und angeblich größer als das Schulerloch. Immerhin ist es Schade,

Ruppenheim.

daß diese, sowie die anderen angeführten Höhlen des südlichen fränki=
schen Jura noch keiner Untersuchung gewürdigt wurden. Aber freilich
zu solchen nicht finanziellen Unternehmungen gibt es nirgends Geld.

Unter der Decke von Dammerde und Thon liegen in unserem
Hochplateau zunächst Kalksteinschichten, welche meistens aus zerklüftetem
und zerbrochenem Gestein bestehen, und erst in größerer Tiefe stößt
man auf Kalksteinbänke, aus welchen von den Steinmetzen die Werk=
steine genommen werden. Der Dolomit ist bald in größeren Massen,
bald in einzelnen Partien und Klötzen durch den ganzen Gebirgsstock
verbreitet, und wenn er an den Thalseiten in mächtigen Wänden und
wunderlich gestalteten Felsen hervortritt, so wäre es unrichtig daraus
zu schließen, daß er am Rande der Bergmassen seine Stelle habe.
Er ist hier durch das Gewässer bei der Thalbildung nur bloßgelegt,
und befindet sich eigentlich nur über den Kalksteinbänken und bringt
hie und da auch auf der Hochebene bis zur Oberfläche, aber nie auf
den obersten Punkten. Die höchsten Spitzen der Dolomitfelsen an den
Thalrändern erreichen nirgends das Niveau der hinter ihnen liegenden
Höhen.

Die Kalkschieferlager, welche gleichfalls meistens unmittelbar unter
der Dammerde liegen, haben ihr eigentliches Gebiet in dem südwest=
lichen Winkel unserer Alp in den Landgerichten Pappenheim und Eich=
stätt. Und hier ist es wiederum nur die Gegend von Solnhofen,
Langenaltheim, Mörnsheim und Mühlheim, wo sie den
berühmten Lithographiestein liefern, — ein kleiner Raum von höchstens
einer Viertelquadratmeile. Und dieser kleine Raum, mitten in einer
fast hundert Meilen langen Kette gleichförmiger Kalksteinbildung, macht
durch das edle Produkt, das man aus seinen Eingeweiden hebt, nicht
bloß eine Ausnahme in dem ganzen Juragebilde von Genf bis Bai=
reut, sondern hat bisher auf dem ganzen Erdboden noch keinen Neben=
buhler erhalten. In diesem wunderbaren Becken, dessen Formation
sich durch nichts Eigenthümliches von der seiner Umgebung und deren

3

Fortsetzungen unterscheidet, wird der Lithographiestein allein in erforder=
licher Reinheit und Stärke gefunden. Ganz besondere glückliche Ur=
sachen mußten einst zusammengewirkt haben, um diese günstige Eigen=
schaft hervorzubringen, und kein Forscher hat sie bis jetzt ergründet.
Und das Land, das diesen Stein erzeugte, rechnet sich auch die Erfin=
dung seiner edelsten Benützung zum Ruhme. Die Lager der hiesigen
Kalkschiefer beschränken sich aber nicht auf die Gegend von Solnhofen
und Mörnsheim, sondern setzen noch mehrere Stunden nach Osten und
Nordosten fort. Gewöhnlich liegen die Schichten horizontal, nur da,
wo Bodensenkungen stattfanden, in schiefer Richtung. Wo sie aber in
vertikaler Stellung erscheinen, wie z. B. auf dem Frauenberge bei
Eichstätt und an einigen anderen Orten, darf man auf eine gewaltsame
tellurische Einwirkung schließen. In reinen Blätterschichten finden sich
die Schiefer nur in den hohen Verglagen. Hier haben sie auch in der
Regel gesundes, wohlklingendes Gestein. Wo die Bodenlage tief ist,
und wo vollends gar Erdsenkungen stattfanden, sind sie meistens viel
schlechter und zeigen sich oft ganz verwittert und mürbe. Im Innern
der Schieferlager stößt man manchmal auf große Gallen, welche mit
Thon ausgefüllt und für die Steinbrecher ein verdrießlicher Fund sind.
Aber gerade diese Lücken bergen auch oft Kalkspathe mit den schönsten
Krystallformen. Auf den Höhen von Eichstätt im Norden und Westen
dieser Stadt, liegen die Schieferlager in breitester Ausdehnung, und
obgleich sie keine Lithographiesteine liefern, gräbt man doch aus ihnen
einen reichen Segen des Erwerbes. In mehr als 60 Steinbrüchen,
welche in diesem Bezirke geöffnet sind, sind einige hundert Menschen
theils mit Bearbeitung des Gesteins theils mit Verfrachtung desselben
beschäftigt. Es werden aus demselben Millionen sogenannter Zwick=
taschen zur Bedachung von Gebäuden, eine Menge Pflastersteine für
Kirchen, Hallen und Gänge und mancherlei andere Zwecke gefertigt.
Eine Masse von Schiefersteinen wird noch immer in rohem Zustande
zu der uralt üblichen Eindeckung der Häuser meistens von Landleuten

abgeführt. Diese Dachstruktur gewährt zwar den Gebäuden starken
Schutz und viele Vortheile bei Feuersbrünsten, allein sie ist sehr schwer
und erfordert massive Dachstühle. Nun wurden vor etwa vierzig Jahren diese Nachtheile durch einen denkenden Kopf, den Glasermeister
Weitenhiller in Eichstätt, auf eine höchst einfache Weise beseitigt.
Er gab den Schiefern die runde Gestalt der gewöhnlichen Dachziegel,
indem er mittels einer Zange das Ueberflüssige wegzwickte, und bohrte
an dem oberen Theile ein Loch durch, um sie mittels eines Nagels an
der Dachlatte befestigen zu können. Die Dachziegel nennt man in
hiesiger Gegend Ziegeltaschen und so erhielten denn die neugeformten
Schiefer den Namen Zwicktaschen oder von ihrem Erfinder auch
„Weitenhiller." Wenn sich Weitenhiller nicht auch sonst als er-
findungsreicher Mann ausgezeichnet hätte, so würde er schon durch diese
immerhin geniale Erfindung, welche einer Jahrhunderte dauernden kost-
spieligen Unbehülflichkeit ein Ende machte, ein bleibendes Andenken verdient haben. Manche wurden durch die neue Ausnutzung der Schieferbrüche reich, Hunderte fanden einen lohnenden Erwerbszweig und Tau-
sende werden ihn auch in Zukunft finden; er selbst starb arm. Er
verdient auf den Höhen Eichstätts ein Denkmal, das für den einfachen
Mann die dankbare Erinnerung seiner Mitbürger verkünde.

Die Lager des lithographischen Kalkschiefers sind reich an merkwürdigen Versteinerungen. Die meisten derselben gehören dem Thier-
reiche, nur wenige der Pflanzenwelt an. Aber fast alle geben sich als
Produkte kund, welche ihre Heimat im und am Meerwasser hatten.
Von Säugethieren und Vögeln findet sich nichts, dagegen zahlreiche
Exemplare von Geschöpfen geringerer Art. Darunter sind die merkwürdigsten verschiedene Saurier, von welchen die interessantesten die
Specien des Pterodaktylus sind, vielerlei Schalthiere, besonders Krebse,
ferner Insekten, Arachniden, Würmer, Molusken, und Strahlthiere.
Aus dem Pflanzenreiche kommen Algen, Kryptogamen vor. Eine be-
sondere Art von Versteinerung bilden die Koprolithen, welche für Thier-

excremente erklärt werden, in denen sich auch unverdaute Körpertheile
anderer Thiere erkennen lassen. Die Belemniten (Teufelssteine, Dru=
denfinger, Teufelsfinger), versteinerte Molusken, denen unter den jetzt
lebenden Thieren keine Art analog ist, trifft man nicht in den Schie=
ferschichten, sondern wie die Ammoniten, nur in festem, dickem Gestein
und in den Bänken der Werksteine. Was die häufig vorkommenden
Dendriten betrifft, so ist man im Irrthume, wenn man sie für Ab=
drücke urweltlicher Pflanzen hält. Dagegen spricht schon der Umstand,
daß sie nur an den Rändern der Steinplatten erscheinen. Sie ent=
stehen noch täglich dadurch, daß Wasser zwischen die Blätter des Stei=
nes dringt, und wenn etwas feiner Eisenocher enthaltender Lehm dazu
kommt, eine Zersetzung bewirkt, und das neue Pigment auseinander
trägt. Anfangs ist die Färbung der Zeichnung gelbroth, wird dann
dunkler, später braun, auch öfter blauschwarz. Dendriten kann man
sich mit solchen blättrigen Schiefersteinen nach Belieben machen. Auf
diese Entdeckung und kleine Kunst ist der Verfasser dieser Schrift schon
als Knabe gekommen, während noch Gelehrte lange Abhandlungen über
das Räthsel der Dendriten schrieben. —

Im Ganzen ist zwar das Plateau der Altmülalp eine weite Fläche,
aber seine Theile sind nicht von gleicher Höhe. Die größte Erhebung
hat es zwischen Weißenburg und dem Thalrande von Eichstätt, und
hier ist der höchste Punkt Wilzburg fast 2000 Fuß über dem Meere.
Nicht viel geringer ist die Höhe von Rupertsbuch. Nach Norden
hin gegen Kaltenbuch und östlich gegen Thalmässing ist zwar das Ni=
veau weniger hoch, aber noch immer bedeutend. Von da an senkt es
sich merklich gegen die Schwarzach und die mittlere Altmülgegend.
Jenseits derselben, bei Kipfenberg, steigt es wieder höher und erreicht
mit dem Staubachberge bei Dunsdorf hier seine größte Höhe.
Die Berge an der Sulz sind schon viel niedriger als die des westlichen
Randes, und die Höhen unserer Alp in den Landgerichten Riedenburg
und Kelheim, wenn sie gleich Anfangs wieder höher klimmen als diese,

bleiben doch, selbst bei Ponborf und Frauenberghausen, hinter
dem Maße der westlichen Punkte zurück. Bei Mayern finden wir
dagegen auf beiden Ufern der Altmül die steilsten Bergwände der Altmülalp; bei Eichstätt steigt nur der Geisberg in solcher Weise empor. Der östlichste Punkt unserer Hochebene ist der Michelsberg bei
Kelheim, welcher auf seinem Haupte die Befreiungshalle trägt. Bei
Weltenburg setzt die Bergkette der Altmülalp über die Donau
und erstreckt sich bis über Abbach hinab. Nach Süden hin sinkt das
Plateau, in der Länge von Kelheim an bis Wellheim, gegen die Do-
nauebene allmälig ab, bis es zum Theil in eine wellenartige Fläche
ausläuft. Südlich von den Höhen bei Weißenburg und Rupertsbuch
senkt sich der Boden theilweise weniger schnell und steigt sogar jenseits
der Altmül bei Solnhofen und Regling wieder empor, erreicht aber
nicht mehr die frühere Höhe und schließt sich an das von zahlreichen
Hügeln durchschnittene Gelände des Landgerichtes Monheim an, welches bis an den Rand der Donau bei Graisbach und Donauwörth
wieder in ansehnlicher Höhe hinantritt (der Schellenberg). Einige Theile
der Hochebene, deren Begränzung durch Thäler bestimmt ist, haben
eigene Benennungen. Der Rupertsberg, auf welchem das Dorf
Rupertsbuch liegt, dehnt sich zwischen dem Altmül= und Anlauter=
thale aus, beginnt vom Schernfelder Forste und läuft gegen Osten
immer schmäler werdend bis an die Orte Kinding und Enkering aus.
Ohne Zweifel hat er sammt dem Dorfe seinen Namen von dem
hl. Rupert, auf dessen Anwesenheit in dieser Gegend einige historischen
Spuren deuten. Der Ruttmanns= oder Ruppmannsberg ist jene
Fläche, welche den Raum zwischen dem Anlauter=, Thalach= und Schwarz=
achthale und der Niederung von Ettenstatt einnimmt. Er trägt das
Dorf Ruppmannsburg auf seinem Rücken. Zwischen dem Altmül=,
dem Sulzthale, der Neumarker Ebene bei Weidenwang bis Burggries=
bach und dem Schwarzachthale erhebt sich der Hirschberger Berg,
welchem das Schloß Hirschberg den Namen gab. Den kleinsten Raum

unter diesen benannten Abtheilungen des Plateaus füllt der Keven=
hüller Berg aus, den wir um das Dorf Kevenhüll nordöstlich
von Beilngries zwischen dem Altmül=, dem Sulz= und Holnsteiner La=
berthale finden. (Das Dorf Kevenhüll ist der Stammsitz der Fürsten
und Grafen Khevenhüller in Oesterreich.) In der östlichen Altmülalp
läuft der Dieterzhofer und der Bayersdorfer Berg, weiter
östlich der Kager= und Branblerberg an der linken Seite des
Altmülthales vor. Südlich von Töging breitet sich die Ponborfer
Hochebene aus und die Berghöhe zwischen der Donau und der Alt=
mül vom Michelsberge bis zum unteren Schambachthale nimmt der
Hienheimer Forst ein, der keinen besonderen Höhennamen gestattet.

Seit der Aufhebung der feudalen Jagdrechte ist das Hirschwild in
allen Waldungen der Altmülalp gänzlich ausgerottet worden. Die
Wildschweine im freien Walde waren schon früher verschwunden, und
wurden von den Herzogen von Leuchtenberg nur mehr in ihrem
Schweinsparke zwischen Wasserzell und Wellheim gehegt. Aber
noch vor vierzig Jahren unterhielten diese Fürsten in den weitverbreite=
ten großen Waldungen ihres Jagdgebietes einen bedeutenden Wildstand.
Bis zu den Zwanzigerjahren wurden große Saujagden im Köschinger
Forste abgehalten und auch im Hofstätter Forste erlegte man zu selber
Zeit viele Wildschweine. Der letzte Eber des Hienheimer Forstes ward
im Jahre 1835 bei Hächsenacker getödtet.

Das Hirschwild fand sich gleichfalls in diesen fürstlichen Waldun=
gen in bedeutender Menge. Auf den großen Jagden im „Pfeiferl“ und
„Zigeuner“ des Schernfelder Forstes wurden während der Jahre 1818
bis 1834 an manchen Tagen gegen 90 Stück Hirsche und Wildpret
geschossen, und als in den dreißiger Jahren das Abschießen dieses Wil=
des anbefohlen worden, fand es sich, daß innerhalb nicht voller zwei
Jahre gegen 800 Stück erlegt wurden. Ein verhältnißmäßig vielleicht
noch höherer Wildstand wurde in den gräflich Pappenheimischen Wal=

dungen unterhalten. Da wie dort konnte man bei Wanderungen durch
diese Gegend unserer Alp sehr häufig kleine Heerden von Hirschen zu
20 bis 30 Stück und darüber an Waldsäumen und in den Lichtungen
der Forste erblicken. Und doch stand dieser Wildreichthum noch weit
hinter der Menge dieser Thiere zurück, welche sich in den Forsten der
Fürstbischöfe von Eichstätt und der alten Grafen von Pappenheim noch
bis zur Mitte des vorigen Jahrhunderts herumtrieben. Ihre große
Zahl ward durch die größere Ausdehnung, Dichtheit und Ruhe der
Wälder begünstigt. Nach dem Zeugnisse erst vor wenigen Jahren ver=
storbener Forstmänner fand man in den Eichstättischen Revieren noch
im Jahre 1810 in mancher Gegend wahre Urwaldungen, in welchen
man nur mit Beschwerde fortkommen konnte und tief in Moder von
Moos und faulendem Gehölze einsank. „Um Maria Himmelfahrt 1730
veranstaltete der Fürstbischof Franz Ludwig Schenk von Kastell dem
Kurfürsten von Mainz zu Ehren von Greding aus eine fünftägige
Hofjagd, auf welcher 170 Hirsche, 91 Stück Wildpret, 23 Rehe,
81 Wildschweine, 204 Hasen, 19 Füchse, 2 Dachse und 2 Wölfe er=
legt wurden.“ Wenn einem rechten Jagdfreunde bei einer solchen
Angabe das Herz im Leibe lacht und ihn bei der Erwähnung von
Wölfen einiger Respekt für die damaligen Jagden beschleicht, so mag
sich sein frohes Gefühl noch steigern, wenn wir ihm versichern, daß
dieses Jagdrevier nicht das wildreichste jener fürstbischöflichen Jäger
war, sondern nur des nahe gelegenen geräumigeren fürstlichen Jagd=
schlosses wegen damals zur Jagd gewählt worden zu sein scheint.
Niemand aber wird sich auch wundern, daß solche Umstände eine
Menge jagdbegieriger und kühner Bursche unwiderstehlich zum Wildern
verlockte. Da gab es denn auch Wildschützen, welche aus dem ver=
botenen Erlegen des Wildes ein eigentliches Gewerbe machten, und
von Manchen derselben lebt das Andenken an ihre Unerschrockenheit,
List und Thatkraft noch in den Erzählungen des Landvolks fort, wel=
ches den Verminderern des übergroßen Wildstandes in keiner Weise

abhold war. Einer der ausgezeichnetsten dieser Wildschützen war der sogenannte Schergenklaus.

Einmal ging der fürstliche Oberstjägermeister mit zweien seiner Jäger auf die Bürsche. Sie waren noch nicht lange im Walde, so vernahmen sie in nicht weiter Ferne einen Schuß. Schnell eilten sie der Gegend zu, von wo derselbe gehört worden war. Als sie durch das Dickicht gedrungen waren, sahen sie auf einem freien Waldplatze eine sonderbare Scene. Auf dem Boden, nicht gar weit von ihnen, lag ein mächtiger Hirsch und ein Jäger saß darauf; die Büchse lag neben ihm im Grase. Es war der Schergenklaus. Der Oberstjäger= meister, voll Freude darüber, nunmehr den berüchtigten Wildschützen in seiner Gewalt zu haben, winkte schnell seinen Begleitern, die sofort ihre Gewehre auf Klaus anlegten. Dann schrie er ihm zu, sich gutwillig zu ergeben. Das will ich wohl, antwortete Klaus, indem er ganz ruhig auf dem Hirschen sitzen blieb, wenn es den Anderen auch recht ist, und dabei wies er mit der Hand nach dem hochstämmigen Walde auf der anderen Seite. Mit Schrecken erblickten der Oberstjägermeister und seine Diener mehrere wilde Gestalten zwischen den Bäumen, deren Büchsenmündungen alle gegen sie gerichtet waren. Nun erhob sich der Wildschütze rasch und indem er mit der Hand nach der Richtung deu= tete, donnerte er den Erschrockenen zu: „Marsch, dort hinaus, und schnell! sonst lass' ich euch niederschießen wie Hunde." Zitternd zogen die drei Jagdberechtigten davon, und hinter ihnen hallte wildes Hohngelächter durch den Wald.

Ein anderes Mal zur Zeit des Octobers trat Klaus um 9 Uhr Nachts, als kein Gast mehr da und nur die Wirthin noch auf war, in die Schenke eines Dorfes und verlangte Bier. Während die Frau in den Keller ging, es zu holen, schob Klaus den Zeiger der an der Wand hängenden Uhr um eine Stunde vor und setzte sich wieder auf seinen Stuhl. Nachdem die Wirthin das Bier gebracht, hielt er mit ihr ein gemächliches Gespräch, während dessen er seinen Krug leer trank,

und fragte dann nach der Zeit. Die Frau trat an die Uhr und sagte
ihm, es sei neun Uhr vorüber. Wenn das ist, muß ich gehen, sprach
Klaus, wünschte der Wirthin als einer alten Bekannten freundlich gute
Nacht und entfernte sich. Bald darauf hörte man im nahen Walde
einen Schuß und am Morgen fanden Bauern einen Forstgehülfen er=
schossen, welcher der erbittertste Feind und entschlossenste Verfolger des
Wildschützen gewesen war. Ueberall hieß es: Das hat der Schergen=
klaus gethan. Als aber in späterer Zeit der verwegene Mensch end=
lich in die Gewalt der Justiz gerathen war, wurde er wegen Wilderns
zu schwerer Zuchthausstrafe verurtheilt. Des Mordes konnte man ihn,
trotz des gegründetsten Verdachtes, nicht überführen. Er berief sich auf
die Wirthin, welche seine Anwesenheit bei ihr um die neunte Stunde
eidlich bezeugte. So war das Alibi nachgewiesen. Erst auf dem Ster=
belager entdeckte der Verbrecher, von seinem Gewissen gequält, den
Mord und die gebrauchte List.

Da das Wild so zahlreich war, so wandelte nicht selten auch
einen und den anderen Bauern die Lust an, sich manchmal einen feisten
Hirschen zu schießen. Ob nun gleich der Wildfrevel schwer gebüßt
werden mußte, so kam doch der Bauer, wenn er reich war, bei der
Sache besser weg, als ein vermögensloser Mensch. Wurde er näm=
lich als Wilderer überwiesen, so mußte er aus seinen Mitteln zur
Strafe einen ganz ausgerüsteten Jagdzeugwagen stellen und konnte
dann berechnen, wie theuer ihm das Pfund Wildpret zu stehen kam.
Solche reichen Käuze wurden auch von den Landleuten nicht bloß wenig
in Schutz genommen, sondern oft nur allzu gerne verrathen. Dagegen
nahmen sie sich der professionsmäßigen Wildschützen an und halfen ihnen
in aller Weise durch, nicht bloß aus Furcht vor ihrer künftigen Rache,
sondern mehr noch, weil sie in ihnen Wohlthäter und vor allem
heroische Personen sahen, denen sie Dank und Bewunderung zollten.
So konnten denn solche Wilderer ihr Unwesen oft lange Zeit sicher
treiben und als Helden des Volkes auf Kirchweihen und Tanzfesten das

Frevelgeld verjubeln, das ihnen, zum Theil gezwungen, Landpfarrer und Bauern für wohlfeil geliefertes Wildpret bezahlt hatten.

Da in den großen und dichten Wäldern Holz im Ueberflusse vorhanden war, so scheint wegen Holzdiebstahls, wenn er nicht zu bunt getrieben wurde, zwischen den Förstern und Bauern meistens Friede geherrscht zu haben. Mancher Forstmeister aber, der hierin strenger zu Werke ging, mag deßwegen ein Gegenstand der Verwünschung und strafenden Sage geworden sein. So einer wurde hinter dem Häringhofe gar oft zur Nachtszeit gesehen, wie er als schwarze Gestalt ohne Kopf auf einem kohlschwarzen Rosse am Walde auf= und abritt und die Holzsammler, die sich verspätet hatten, in scharfem Trabe verfolgte. Der ganz graue Mann, der am rothen Büchel zwischen Morsbach und Emsing umgeht und die Wanderer irre führt, ist vielleicht ein unbeliebter Jäger gewesen. An den Förstern, welche als solche gegen die Leute Nachsicht bewiesen, übte man kein so hartes Strafgericht, aber wenn sie eine Gewohnheitsschwäche zeigten, wußte der Volkshumor sie manchmal in einer hübschen sagenhaften Erzählung darzustellen.

In einem Dorfe wohnte ein Förster, der ein gutmüthiger Mann war, aber fast gewöhnlich und oft erst spät zur Nachtszeit ziemlich angetrunken nach Hause kam. Sein Weg führte ihn über den Steg eines Bächleins. Auf diesem stand gewöhnlich ein schwarzer Unhold, der ihm den Uebergang verwehrte. Vergebens rief er ihm zu, auszuweichen. Weil dieß nicht geschah, packte ihn der muthige Förster an und rauste sich mit ihm so lange herum, bis er das andere Ufer gewann. Dieß zu oft wiederkehrende Abenteuer erschöpfte endlich die Geduld des Försters, und er betheuerte den Seinigen, wenn sich ihm der Geist wieder in den Weg stelle, werde er auf ihn schießen, gehe es, wie es wolle. Und an demselben Tage, als es bereits finster geworden, hörte man richtig im Dorfe einen starken Schuß. Der Förster aber kam nicht nach Hause, selbst nicht, als die späteste Zeit seiner sonstigen Heimkunft längst vorüber war. Nun machten sich einige Personen mit einer La=

terne auf, den Säumenden zu suchen. Man fand ihn bald. Er lag
nicht weit vom Stege mit dem Oberleibe am Ufer des Baches, die
Füße in's Wasser gestreckt, und schlief ruhig im Grase. Mit Mühe
weckte man ihn auf und brachte ihn nach Hause und zu Bette. Am
anderen Tage erzählte er, der Geist sei gestern wieder auf dem Stege
gestanden, und als er nach dreimaligem Zurufen nicht gewichen, habe
er auf ihn angelegt und geschossen. Da habe es einen Knall gethan,
daß er geglaubt, Himmel und Erde stürze ein; und darüber sei er über
den Steg hinabgefallen und habe dann nichts mehr von sich gewußt.
Von dieser Zeit an mußte der Jägerbursche alle Abend dem Förster bis
über den Steg entgegengehen. Der Geist aber ließ sich nicht mehr sehen.

Ein satirischer Zug auf die städtischen Sonntagsjäger liegt in fol=
gender Sage, in welche zugleich der Hexenglaube humoristisch eingefloch=
ten erscheint. Ein Herr aus der Stadt streifte, von seinem Hunde be=
gleitet, über die Flur eines Dorfes. Er kam zu einem Bauernknaben,
der an einem von einer Hecke umhegten Acker saß. „Hast du keinen
Hasen gesehen?" fragte der Herr. „Ich weiß wohl einen," erwiderte
der Junge. „So zeig' mir ihn," sprach jener. „O ja," war die Ant=
wort des Verschmitzten, „wenn ich zuvor einen Sechser bekomme." Der
Herr gab ihm das Geld, der Knabe stand auf und deutete mit der
Hand nach einer Stelle innerhalb des Ackers. Als nun der Jägers=
mann seinen Hund losließ und dieser durch die Hecke drang, erhob sich
wirklich aus den Stoppeln ein Hase. Doch welch' Wunder! der Hase
hatte ein rothes Mieder an. Der Bube aber schrie wiederholt: „Mut=
ter lauf', der Koller kommt!" Und der Hase lief, und wenn gleich
der Hund aus allen Kräften nachsetzte und der Herr nachschoß, es that
dem Hasen nichts. Er verschwand hinter der Hecke, und als sich der
Herr mit seinem Hunde entfernt hatte, kam ein altes Bauernweib hin=
ter derselben hervor, das ein rothes Mieder anhatte. Wer denkt hier
nicht an die Spottrede gegen einen schlechten Schützen: Dir will ich
wohl dein Hase sein?

Die großen holzreichen Waldungen haben sich vermindert, der reiche Wildstand an Hirschen und Sauen, die kunstgerechten Jäger mit ihren mancherlei wohldressirten Hunden, der stattliche Jagdapparat, die eingerichteten Jagden, — kurz die ganze Romantik des alten Jagdwesens ist verschwunden, und die Wälder bergen in unseren Tagen nur mehr Rehe, deren Erlegung das höchste Ziel der Sehnsucht und Ehre für die Jagdfreunde der Gegenwart geworden ist. Doch mag wohl manches Jägerherz in Wehmuth schlagen, wenn es von der Pracht und Herrlichkeit jener früheren Zeiten vernimmt. Der Landmann aber ist ohne Zweifel froh, daß er nichts mehr davon hört. Der Stand der Rehe ist gegenwärtig in den Forsten der Altmülalp nicht unbedeutend, dagegen die Zahl der Hasen in den waldigen Bezirken sehr beschränkt, und nur auf den gegen die Donau sich absenkenden freien und weiten Fluren erfreut man sich reichlicher Hasenjagden. Hier finden sich auch häufigere und größere Kitten (Ketten) von Rebhühnern. Wildkatzen kommen nicht so gar selten in den Revieren von Schernfeld und Breitenfurt und in den Wäldern der unteren Alp, Dachse fast überall vor. Von Fasanen zeigt sich nichts mehr in den Waldgehegen, seitdem die schöne und anmuthig angelegte Fasanerie der Leuchtenbergischen Fürsten eingegangen ist.

III.

Die Thäler und Gewässer der Altmülalp.

In unserer Alp ist das Hauptthal das der Altmül und dieser Fluß das Hauptgewässer derselben. Mit Ausnahme der Schut= ter liefern alle übrigen Flüßchen und Bäche ihr Wasser in diesen Fluß. Die vielfachen Windungen des Altmülthales auf dem Raume zwischen Trenchtling und Kelheim, dessen gerade Linie etwa 10 Meilen beträgt, verursachen einen so großen Umweg, daß sich seine Länge bis auf 16 Meilen erhöht. Einen noch weit längeren Lauf legt der Fluß in diesem Thale selbst zurück, indem er durch seine Wiesen= flächen unzählige, bald größere, bald kleinere Krümmungen macht. Bei Unteremendorf z. B. bildete er sich sonderbarer Weise unmit= telbar hintereinander vier Serpentinen, wodurch er seinen Weg noch einmal so lang machte. Es ist, als ob er hier nach der Thalbreite hin und her zu spazieren Belieben trage. Bei solchen Verhältnissen darf man den Lauf der Altmül durch ihr Gebirg wenigstens auf die doppelte Länge der direkten Linie annehmen. Nun könnte zwar mittels einer durchgreifenden Flußkorrektion diesem vermeintlichen Uebelstande abgeholfen werden; allein dann wäre es, wie wir überzeugt sind, um die Fruchtbarkeit der Wiesen gethan. Selbst die kostspieligsten Wässe= rungsanstalten könnten schwerlich die guten Dienste ersetzen, welche der eigenwillige Fluß bisher den Wiesenbesitzern geleistet hat. Die Verhü= tung oder Verringerung der an sich seltenen Ueberschwemmungen wäh=

renb der Sommermonate würde keineswegs die Entziehung des Schlam=
mes und der fruchtbaren Erde vergüten, die auf die Wiesen geführt
werden, wenn der Fluß im Frühlinge oder Herbste weit und breit das
Thal überfluthet. Und sogar die Anwohner des Thales oberhalb
Treuchtling, welche durch den leichten Austritt der Altmül sehr häufig
Schaden leiden, würden kaum einen solchen Nutzen ziehen, daß sie für
eine gründliche Correktion des unteren Flußlaufes sehr dankbar sein
würden. Die Ueberhandnahme der Engerlinge im Altmülthale und der
dadurch angerichtete ungemeine Schaden in den Jahren 1865 und 1866
ist lediglich dem Unterbleiben der Thalüberschwemmung während der
Herbst= und Frühjahrszeit der letzten Jahre zuzuschreiben und wird sich
wohl noch ein paar weitere Jahre fortsetzen.

Trotz der vielen Windungen ist das Gefäll der Altmül nicht gar
so unbedeutend, als es gewöhnlich in spöttischer Weise geschildert wird.
Es ist wahr, das Wasser scheint oft lange Strecken weit fast nicht vom
Flecke zu rücken oder schleicht äußerst langsam dahin. Es hat aber
auch viele Stellen, wo es munter von dannen geht, und wenn man
die Aufstauung seiner 21 Mühlwerke — von Treuchtling bis Kelheim —
und zwar für jedes etwa 5 Fuß in Rechnung bringt, was 105 Fuß
beträgt, so ist schon dadurch sein Gefäll bedeutend höher gestellt, als
man es gewöhnlich gelten läßt. In Lamont's Höhen=Verzeichnisse
finden wir „Dietfurt bei Treuchtling, Straße über die Altmül" 1190 Pa=
riser Fuß, „Kelheim, die Altmülmündung" 1054 Fuß, also ein Gefäll
von 136 Fuß, und wenn wir die Höhe der Straße bei Dietfurt auf
8 Fuß über dem Flusse annehmen, so bleiben immer noch 128 Fuß.
Diese auf die Länge des Flußlaufes von 20 Stunden vertheilt, ergibt
auf eine Stunde ein Gefäll von 6²/₅ Fuß. Nach demselben Höhen=
Verzeichnisse berechnet sich das Gefäll der Donau von Donauwörth bis
Kelheim auf eine Stunde zu 9½ Fuß. Allein die meisten der bisher
bekannt gemachten Höhenmessungen entbehren der gehörigen Verläßigkeit,
wie Lamont selbst eingesteht, und wenn sie vollends so voll Unrichtig=

keiten find, wie die im britten Bande der Bavaria Seite 759 einge=
festen, so find sie ganz und gar nutzlos. *)

Die Altmül ist ein sehr fischreicher Fluß. Dieser Reichthum aber
vermindert sich periodenweise. Wenn in der warmen Jahreszeit ein
Austritt des Gewässers über die hochbegrasten Wiesen stattfindet und
bei'm Zurückgehen des Wassers die junge Fischbrut in denselben zu
Grunde geht, so empfindet man die Folgen drei und mehrere Jahre
lang. Und wenn durch lange dauernde trockene Witterung die Wasser=
masse des Flusses bedeutend abnimmt, sind die Wirkungen davon gleich=
falls in dieser Beziehung äußerst nachtheilig. Die schmackhaftesten Fische
der Altmül sind die Karpfen, die aber wegen des Ueberhandnehmens
der Hechte in den oberen Gegenden der Alp seltene Erscheinungen geworden
sind. Von Kinding an abwärts erfreut man sich zwar noch häufiger
ihres Fanges, allein auch hier gehört eine ergiebigere Beute schon zu
den Ausnahmen. Der Hauptfisch des Altmülflusses ist der Hecht, der
in großer Menge vorkommt und von dem Fischkenner als eine treffliche
Speise gerühmt wird. Manchmal werden Hechte bis zu 20 Pfund schwer
und Karpfen von noch größerem Gewichte gefangen. Außer diesen be=
sonders geschätzten Fischen nährt die Altmül noch eine Menge anderer,
Barben, Brassen, hier zu Lande Brachsen genannt, Schleihen, Schirche,
Rutten, Bärschlinge, Grundeln, Mühlkoppen, hier Botten und Borten
genannt ꝛc. Die schlechte Fischart der Nasen streicht zur Frühlingszeit
in großer Menge flußaufwärts. Das edelste Erzeugniß der Altmül
sind ihre berühmten Krebse, die in diesem ruhigen und schlammigen

---

*) Hier finden wir z. B. Gunzenhausen 1264', Dietfurt, das 7½ Stun=
den weiter abwärts liegt, 1269'; ebenso Pappenheim 1210', Eichstätt 1204',
also 6 Fuß Gefäll und dazwischen 8 Mühlen, ferner Dillingen 1237', Donau=
wörth 1272', Steppberg, Schloß 1543'. Außer bei Steppberg liegt überall
das Flußniveau zu Grunde, und bei Steppberg kämen, selbst wenn man die
Höhe des Dachgiebels vom Schlosse als Messungsbasis annähme, höchstens
80 bis 90 Fuß in Abzug. Demnach läuft die Donau auf dieser Linie in be=
deutendem Maße aufwärts.

Fluſſe eine ziemliche Größe und beſonderen Wohlgeſchmack erlangen.
Seitdem der Ruhm derſelben ſich in fernere Kreiſe verbreitet hat, iſt
die Fiſcherei kaum mehr im Stande, der Nachfrage zu genügen. Da=
her kommt es, daß nicht allein der Preis dieſer Waare ſehr hoch ge=
ſtiegen iſt, ſondern auch dem Wunſche der Krebsfreunde nach ausgezeich=
neten Exemplaren nicht immer entſprochen werden kann. Ueberdieß tritt
oft Jahre lang eine unerklärliche Seltenheit dieſer Thiere ein, und die
Fiſcher ſchreiben die Urſache davon einem beſonderen Feinde zu, welcher
die Brut verzehre. Das iſt gewiß, in früherer Zeit aß man ſehr häufig
Altmülkrebſe, von denen drei bis vier ein Pfund wogen, was heutzu=
tage ſelten mehr bewerkſtelligt werden kann. In der Ferne aber wird
mit Krebſen vieler Betrug verübt, und gar manches Leckermaul ver=
ſpeist um theueren Preis ganz behaglich Altmülkrebſe, denen das Waſ=
ſer dieſes Fluſſes ein unbekanntes Element war.

Das Altmülthal unterſcheidet ſich von den Thälern ſeiner
Nebengewäſſer beſonders durch die häufigen, oft koloſſalen Felſengebilde,
mit welchen ſeine Längen geſchmückt ſind. Dieß iſt beſonders der Fall
in der oberen Gegend von Dietfurt bis Eichſtätt, bei Arnsberg und
Kipfenberg und von Eggersberg an bis Neueſſing. Die Thäler der
Anlauter, der Schwarzach und der Sulz entbehren dieſer Zierde, und
wenigſtens ſind die Steinmaſſen ihrer Wände mit Erde oder Thon=
ſchichten bedeckt. Nur das Schutterthal, das Schambachthal bei Arns=
berg, das Birkthal und das untere Schambachthal nehmen an dieſem
maleriſchen Vorzuge Theil. Gerade dieſe vielen Felſenmaſſen aber,
welche an den Thalhängen hervortreten, deuten auf die feſtere Boden=
bildung hin, welche bei den Erdrevolutionen dieſen Gegenden zu Theil
geworden, und waren zugleich die Urſache der vielen Krümmungen,
welche der Fluß bei der Bearbeitung ſeines Rinnſales zu machen ge=
zwungen war. Nur wo er leichter lösliche Beſtandtheile des Bodens
fand, konnte er geraden Weges durchdringen; wo ihm geſchloſſene Stein=
maſſen Widerſtand boten, mußte er zur Seite weichen, oder in langem

Beilngries.

Bogen, oft mit kurzer Sehne, um dieselben herumgehen. Dadurch erhielt das Altmülthal viele Bergzungen, welche zu seiner Schönheit einen wesentlichen Beitrag machen. Von ihrer Höhe herab hat man öfters die Aussicht in zwei Thäler, welche derselbe Fluß durchzieht, und dadurch werden die Reize der Altmülalp um vieles erhöht. Solche Bergzungen finden wir bei Pappenheim (der Schloßberg), bei Zimmern, Solnhofen, Altendorf (der Kruspelberg), bei Eichstätt (der Willibalds= berg), bei Böhming und bei Gundelfing. Die merkwürdigste derselben ist der Kruspelberg, auf dessen schmalster Stelle man den Fluß auf der einen Seite scheinbar nur einen Steinwurf weit in der Tiefe und auf der anderen wieder ganz nahe unten im Thale erblickt, wie= wohl er von dem ersten Punkte bis zum zweiten den Raum einer geo= graphischen Stunde durchlaufen hat.

Wenn man die nächsten Gegenden zur Seite des Altmülthales besucht, findet man besonders einige Trockenthäler auffallend, welche nicht selten eine ansehnliche Länge haben. Den Mangel an Wasser, das in ihnen so sehr vermißt wird, haben wir bei der Besprechung der Hochebene zu erklären versucht. Hier haben wir nur von ihrer Lage und Verzweigung zu sprechen.

Von Langenaltheim herab windet sich das Langenaltheimer= Thal oft so enge zusammengedrängt, daß kaum ein Wagen in seiner Tiefe Platz findet. Es mündet bei Niederpappenheim aus. Das zweite dieser Thäler ist das Dolnstein=Niederthal, von welchem wei= ter unten ausführlich die Rede sein wird. Zwei Stunden weiter ab= wärts, gleichfalls auf der rechten Seite der Altmül, öffnet sich das Thal bei Wasserzell, welches in seinem unteren Theile das Wasser= zeller= oder Lynthal (von Hlyn, der hülfreichen Botin der Göttin Frigga benannt. Von ihr hat wahrscheinlich das in diesem Thale stehende Linser Kapellchen seinen Namen), in seinem oberen das Schweinthal genannt wird. Es erstreckt sich anderthalb Stunden lang aufwärts östlich bis auf die Flur von Abelschlag und durchschneidet den schönen ehemaligen H i r s ch p a r k der Herzoge von Leuchtenberg, der jetzt wegen der durchziehenden Eisenbahn gänzlich abgestellt wurde. In den früheren Zeiten enthielt er außer einer großen Anzahl von Edelhirschen einige hundert Stück Damwild und war der häufig benützte Schauplatz fürstlicher Jagdlust. Von Norden her mündet in das Schwein= thal der äußerst anmuthige H i r s ch g r u n d, ein tief eingeschnittenes enges Waldthal, dessen Hängen mit herrlichem Farbenwechsel des mannichfaltigsten Laub = und Nadelgehölzes geschmückt ist. Es läßt sich kaum ein lockenderer Jagdwinkel denken, als dieser mit schönem Rasen bewachsene einsame Thalgrund, der für den Jäger zum Anstande wie geschaffen scheint. Von Süden her verbinden sich mit dem Hauptthale noch zwei andere Thäler, das K i n d e r t h a l und das e n g e T h a l, dessen Windungen weit nach Süden reichen. Nach diesem folgt das E i t e n s h e i m = P f ü n z e r t h a l, dessen westlicher Theil südlich am H e l l e r b e r g e nicht weit von Adelschlag beginnt, sich um die westliche und nördliche Hänge des genannten Berges hinumzieht und an der Ingolstädter Straße am sogenannten E i t e n s h e i m e r B u c k mit der östlichen Bodenvertiefung zusammentrifft. Von hier an läuft es in Krümmungen nördlich nach Pfünz hinab, während noch das W e b e r = t h a l, das D i ch t e r t h a l und einige anderen Bergeinschnitte sich mit ihm verbinden. Erst kurz vor seiner Ausmündung in das Altmülthal entspringen seinem Schooße einige Quellen, welche den Pfünzerbach bilden. Oberhalb des Dorfes Walting kommt von Westen her das A f f e n t h a l, welches bei Preith seinen Anfang nimmt und eine Länge von zwei Stunden hat. Es ist durchaus mit Fichtenwaldung bewachsen und hat oft sehr düstere Strecken.*) An der Stelle, wo das Thal

---

*) Diejenigen, welche den Namen dieses Thales durch eine poetische Ver-
änderung in „Alfenthal" zu verbessern und zu erklären suchen, befinden sich
im Irrthume. Von Alfen oder Elfen ist hier keine Rede, da diese mythischen
Wesen dem Volke unseres Landes unter solchem Namen nie bekannt waren
und deßhalb in der Bezeichnung keiner einzigen Oertlichkeit vorkommen. Die
Monumenta boica (XXVIII, a, 158) führen dieses Thal unter dem Namen

von der Straße nach Pfahldorf durchschnitten wird, steht die **große
Fichte**. Das **Pirtthal** bei Kipfenberg zieht sich anderthalb Stunden
lang von dem Dörfchen **Krut** gegen Norden herab. Erst in der Nähe
von Kipfenberg sprudelte sonst eine reiche Quelle hervor, welche eine nahe
liegende Mühle trieb. Dieses Wasser ist aber seit dem trockenen Sommer
des Jahres 1864 versiegt. Auch im vorigen Jahrhunderte blieb diese
Quelle zweimal aus und kam das einemal sieben Jahre nicht wieder.

Von Kipfenberg an ist die Bergwand am rechten Altmülufer bis
Teising fest geschlossen und zeigt nur wenige unbedeutende Einschnitte
an ihren Hängen. In den Bergen zur linken Seite des Flusses öffnet
sich bis Riedenburg kein ansehnliches Trockenthal mehr. Bei **Altmülmünster** begegnet uns zur Rechten wieder ein größeres Thal dieser
Art, welches sich bei zwei Stunden lang bis in die Gegend von Neusäß
und Pondorf hinaufzieht. Nahe dem Altmülthale erst quillt ein Bach
in demselben hervor, welcher die Werke der **Eckmühle** bewegt. Dem
Schloße **Prunn** gegenüber finden wir das **Einthal**, welches nach
Buch führt. Auf der linken Seite der Altmül zieht sich in der Nähe
des Dorfes Prunn das **Emmenthal** und bei dem Felsenhänsl das
Teufelsthal nach Norden. Unterhalb Neuessing nimmt, gleichfalls
am linken Altmülufer, das **Hammerthal** und Unterau gegenüber
ein anderes Thal dieselbe Richtung.

Außer diesen angeführten Trockenthälern enthalten die beiderseitigen
Berge des Altmülthales, besonders in den oberen Gegenden, noch viele
kleinere, durch welche öfters Gießbäche bedeutenden Wasserzufluß in die

Affinthal an. Der Dativ Affin stammt von dem altdeutschen Affa, wel-
ches „Wasser, Bach, Fluß" bedeutet. Es finden sich eine Menge Zusammen-
setzungen mit diesem Worte, z. B. Alaffa, Aalwasser, Ascaffa (spr. Aschaffa)
Eichenwasser, Pernaffa, Bärenwasser, Biberaffa, Biberwasser, Hurnaffa,
Sumpfwasser, Slier- (spr. Schlier) affa, Schlammwasser ꝛc. Der Name
Affintal hat also die Bedeutung: Thal für das Wasser oder für die Wasser,
eine gute Bezeichnung für ein solches Wasserbeet mit periodischen Zuflüssen.
Der Name Apfelthal, Apfaltal, ist bloß eine durch Umwandlung der
verwandten Konsonanten entstandene neue Form des Wortes Affenthal.

4 *

Altmül bringen. Unter diesen sind die bedeutenderen: Das Apfel=
thal bei Pappenheim, das Wolfsthal bei Zimmern, das Hoch=
holzerthal bei Eßling, das Schönfelberthal bei Hagenacker,
das tiefe Thal oberhalb Eichstätt, der Herrengrund unterhalb
Landershofen und noch viele andere, besonders auf der linken Seite
des Hauptthales.

Die Wasserlieferungen, welche die Altmül innerhalb ihrer Alp
erhält, werden ihr durch einige Flüßchen, mehrere Bäche und viele
Quellen gespendet. Die Flüßchen, welche sich mit ihr vereinigen, sind:
Die Schwarzach, die Sulz, die Laber und die untere oder Riedenbur=
ger Schambach. Bis auf das letzte empfängt sie selbe alle vom linken
Ufer. Wir werden sie später nach der Reihe einzeln besprechen. Von
den Bächen kommen dagegen die meisten aus den Bergthälern am
rechten Ufer, als ob dadurch der Wasserzufluß ausgeglichen werden
sollte, nämlich der Bach von Niederpappenheim, der Mühl=
heimer Bach, der Pfünzer Bach, die Schambach bei Arns=
berg und der (ehemalige) Kipfenberger= oder Birkthaler Bach.
Von der linken Seite laufen hinzu: Die Schambach von Suffers=
heim, der Otmaringer Bach und der Mühlbach unterhalb der
Stadt Dietfurt. Alle diese Bäche, bis auf zwei, treiben Mühlen, die
meisten derselben eine, viele eine größere Zahl. Der Mühlheimer Bach
setzt bei einem Laufe von ³/₄ Stunden 6, die Arnsberger Schambach
auf ½ Stunde 6, die Suffersheimer bei 2½ Stunden Lauf 8 Mühl=
werke in Bewegung, alle zusammen 25. Da uns zur Bestimmung
des Gefälles der Gewässer in der Altmülalp keine Höhenmessungen zu
Gebote stehen, so glauben wir diesen Mangel einigermaßen durch An=
gabe ihrer Mühlen zu ersetzen, und wir werden dieses Mittel um so
mehr bei den Flüßchen benützen, von denen wir zu reden haben.

Außer den Flüßchen und Bächen sind es aber noch eine Menge
Quellen, von welchen die Wassermasse der Altmül beträchtlich verstärkt
wird. Die meisten derselben entspringen am linken Altmülufer und

einige bringen am Fuße der Bergwände mit einer großen Wassermenge hervor, stürzen sich nach einigen Schritten auf Mühlräder und fallen gleich darauf in den Fluß. Diese Beschaffenheit macht sie zu merk= würdigen Wasserbehältern. Wir führen als die interessantesten an, am linken Altmülufer: Den Quellbach von Pappenheim, von Atten= brunn bei Breitenfurt, von Obereichstätt, der das Gebläse der Schmelzöfen und andere Werke treibt, den Mühlbach am sogenannten Kappelbucke in der Westenvorstadt zu Eichstätt, der zwei ober= und zwei unterschlächtigen Mühlen ihr Wasser gibt, die paarweise nebenein= ander stehen, die Quelle der Almannsmühle, der Brunnmühle, beide unterhalb Pfinz, der Mühle von Isobrunn, von Regel= mannsbrunn, von Kinding, von Badanhausen, der Quellbach von Dorf Prunn, der 3 Mühlen treibt, und denjenigen, welcher die Weihermühle belebt. Von der rechten Seite fließen zur Altmül die Quellbäche von Grösdorf, von Unteremendorf, Kirchanhausen, der Stube, von Deißing und Altmülmünster. Die Mühlwerke, welche von diesen Quellen bewegt werden, sind 23 an der Zahl. Die drei Schambachen und der Mühlheimer Bach nähren schmackhafte Forellen. Wir sehen, daß der Altmülfluß auf seinem Laufe durch die Alp fort= während mit reichlichem Zuflusse versehen wird. Dazu kommt noch, daß auch aus dem Grunde seines Beetes viele Quellen hervorbringen, wie die Fischer aus Erfahrung wissen, welche sich von deren Dasein im Sommer aus der Kälte, im Winter aus der Wärme des Wassers an solchen Stellen überzeugen. Gegenüber vom Dorfe Prunn sprudelt nahe an der Altmül mitten auf einer Wiese ein kräftiger Brunnquell hervor. Darum hält dieser Fluß in trockenen Jahren auf eine bewun= derungswürdige Weise in seiner Wasserlieferung aus, und seine Mühlen lassen in solcher Zeit noch immer ihr Geklapper ertönen, wenn sogar bei größeren und stärkeren Gewässern diese Laute längst ermattet oder ganz verstummt sind.

Der Flüßchen, welche aus der nördlichen Sandebene in den Ge=

birgsstock und zur Altmül laufen, sind zwei, die Schwarzach und die
Sulz. Beide haben einen mäßig schnellen Lauf. Die Schwarzach
entspringt nördlich von Freistadt und tritt bei Obermässing herein.
Der bedeutendste Ort an ihren Ufern ist Greding. Sie hat von
Obermässing an bis zu ihrer Mündung auf einer Länge von 5½
Stunden nur 8 Mühlen. Ein Thal bekommt dieses Flüßchen erst bei
Obermässing; dasselbe ist zwar nicht breit, aber mit trefflichen
Wiesen gesegnet. Seine Berghängen sind von ziemlicher Höhe, beson=
ders bei Obermässing, von wo an sie sich allmälig senken, aber von
Mettendorf an bis Kinding wieder höher ansteigen. Bei Greding er=
weitert sich das Thal zu einem schönen Becken, das eine äußerst lieb=
liche Landschaft bildet. Felsengebilde, welche die malerische Wirkung
erhöhen könnten, hat es nicht, auch sind die Hängen nicht überall be=
waldet. Doch sind sie deßhalb nicht kahl, mit Ausnahme des Drei=
faltigkeitsberges bei Greding, der leider jetzt des schönen Buchenwaldes
beraubt ist, welcher ihn noch vor 60 Jahren schmückte. Die Richtung
des Schwarzachthales ist zuerst von Nord nach Süd, dann südöstlich
und zuletzt wieder südlich. Nahe bei Untermässing nimmt die
Schwarzach den Eichelbach auf, der von Offenbau herabkommt.
Die Thalach, das zweite Nebengewässer der Schwarzach, welches bei
Leibstatt entspringt, an Thalmässing vorbei und unweit Hebing in die
Schwarzach fließt, hat mehrere Zuflüsse aus dem Ruppmannusberge,
unter welchen wir anführen: Die Olach von Olangen her, den Rum=
pelbrunnen aus dem Thale unter Reinwartshofen, den schönen
Gebersdorfer Bach mit seinem frischen muntern Wasser und den
Lochbrunnen bei Kleinhebing. Die Thalach mit ihren Nebenquellen
setzt 13 Mühlen in Gang, von denen freilich viele bei etwas andauern=
der Dürre stille stehen. Zwischen Obermässing und Greding laufen
von den beiden Berghängen mehrere Quellen zur Schwarzach, darunter
der Hegelbach und bei Greding selbst die Ach oder der Herrns=
berger Brunnenbach, welcher 4 Mühlen treibt. Unterhalb Gre=

bing kommt aus einem schmalen und tiefen Bergeinschnitte der Kopp=
brunnen oder Kaifinger Brunnen mit 1 Mühle. Der Thal=
grund, aus welchem die Thalach herbeikommt, ist von ganz anderer
Natur als die Thäler der Altmülalp. Er hat eine ansehnliche Breite
und in seinem Raume erheben sich einzeln stehende Berge fast kegel=
artig. Seine südlichen Berghängen, die zu dem Gebirgsstocke der Alt=
mülalp gehörten, steigen hoch empor, und ein halbes Dutzend kurze Buch=
ten, welche in sie eingeschnitten sind, zeigen sich entweder als dunkle
Waldwinkel oder als reizende Verstecke kleiner niedlicher Dörfchen, unter
welchen sich besonders das in Wallnußbäume verhüllte Gebersdorf aus=
zeichnet. Der Linienzug dieses Thales ist beinahe östlich.

Den letzten Zufluß zur Schwarzach bildet die Anlauter, welche
interessant genug ist, sie näher zu betrachten. Ihr Name ist verstüm=
melt und sollte Leinlauter *), d. i. lauteres, schnell fließendes
Wasser heißen. Auf der Apianischen Karte von Bayern findet man
sie geschrieben: Lain lautra und auf anderen älteren Karten mit
einem Schreibfehler Beinlauter. Dieses Flüßchen entspringt ober=
halb Rensling und eilet raschen Laufes durch sein schönes, höchst
romantisches Wiesenthal, welches sehr schmal und von Rensling an
auf beiden Seiten von Berghängen eingefaßt ist, die von Bürg ab=
wärts meistens mit Buchen= und Fichtenwald besetzt sind. Sein Lauf
beträgt 7½ Stunden, und die Zahl seiner Mühlen 21. Daraus schon
läßt sich auf sein starkes Gefäll schließen; aber die Höhe desselben steigert
sich uns bedeutend, wenn wir erfahren, daß sich wahrscheinlich wohl
leicht noch ein Dutzend Mühlwerke an ihm anlegen ließen. In der
unteren Hälfte des Thales beschleunigt das Flüßchen seinen Lauf außer=
ordentlich, so daß es sich über zahlreiche Wasserschnellen dahinstürzt
und häufig Schaumblasen mit sich führt. Sein starkes Gefäll begün=

*) Das Wort Lain oder Lein bezeichnet im Hochgebirge ein mit gähem
Gefälle herabkommendes Wasser und ist eine Contraktion aus Lewina, Gieß=
bach, reißendes Wasser.

ſtigt in hohem Grade die künſtliche Bewäſſerung der Wieſen, wodurch der Futtergewinn nicht bloß ſehr vermehrt, ſondern auch in trockenen Sommern geſichert wird. Seitengewäſſer nimmt es wenige auf, den Waſchbrunnen oberhalb Titting, den Weißel in dieſem Orte, welcher bei länger dauernder Dürre oft ganz verſiegt, bei Emſing den Morsbach (vom Landvolke die Morsbacherin genannt), welcher zwei Mühlen ſpeiſt, den Blaubrunnen am Fuße des Burgberges von Brunneck, ein Bächlein bei Erlingshofen und die ſtarke Quelle der Salach in Enkering. Unterhalb dieſes Dorfes vereinigt es ſich mit der Schwarzach, welche eine Viertelſtunde weiter unten bei Kinding in die Altmül fällt. Die Anlauter nährt ſchmackhafte Forellen, ſowohl Bach = als Lachsforellen. Das Anlauterthal läuft in ſehr vielen, meiſtens kurzen Krümmungen von Nordweſt gegen Südoſt. Obwohl dieſe Be= ſchaffenheit auf viele Bodenſchwierigkeiten ſchließen läßt, welche das Flüßchen bei der Aushöhlung ſeines Rinnſales fand, ſo entbehrt doch auch dieſes Thal der grotesken Dolomitfelſen, welche ſich in den ſüd= lichen Thälern der Altmülalp ſo häufig finden. Seine vorzüglichſten Seitenthäler ſind: Das Thal von Morsbach, welches mit ihm gleichen Charakter hat und ſich anderthalb Stunden lang vom Norden herab= zieht und das Walſerthal, welches von Wachenzell aus von Süd= weſt herankommt und bei Altdorf ſich mit dem Anlauterthale verbindet. Erwähnenswerth iſt auch das Thal bei Erlingshofen, welches nördliche Richtung hat. Das kleine Thal, welches bei Titting einmündet, iſt ein enger ſchroffer Bergeinſchnitt. Wenn übrigens in der Bavaria III. Bd. Seite 945 von den „hübſchen Dirnen des Anlauterthales“ die Rede iſt, ſo bemerken wir, daß dieſes Prädikat vorzüglich von dem oberen Theile deſſelben, aber noch mehr von einigen weſtlich davon gelegenen Dörfern des Plateaus giltig zu ſein ſcheint. Von den Fiſchen der Schwarzach wird nicht viel Rühmens gemacht, und von ſeinen Krebſen iſt nur anzuführen, daß ſie bei'm Sieden ihre bunkle Farbe behalten.

Das zweite Nebenflüßchen der Altmül ist die Sulz, welche in der Ebene von Neumarkt bei dem Dorfe Berngau ihren Ursprung hat, eine Stunde oberhalb Berching in die Altmülalp fließt und sich nach einem Laufe von 8 Stunden unterhalb Beilngries in die Altmül er= gießt. Innerhalb der Altmülalp legt sie nur eine Strecke von 3½ Stunden zurück und hat auf diesem Raume 9 Mühlen. Auf ihrem rechten Ufer empfängt sie unweit Solngriesbach das Gewässer des Hoch= brunnens, der ehemals in schönen Cascaden von der Anhöhe des Pla= teaus herabkam, aber nach der Verminderung des Gehölzes viel an Wasserzufluß und Schönheit verloren hat, weiter hinab den Berchinger Stadtbach, der von dem Oertchen Hagenberg herabfließt. Bei dem Dörfchen Biberbach eilt raschen Laufes das Bächlein gleichen Na= mens herbei, in welchem man Forellen fängt. Es hat seinen Ursprung weit oben in einem Seitenthale der Sulz. Unweit von Beilngries kommt auf dem linken Ufer der Webbach aus dem Otmaringer Thale hinzu. Das Sulzthal hat keine Krümmungen und zu beiden Seiten sanfte mit Nadelwäldern bewachsene Berghöhen. Es ist reich an guten und üppigen Wiesen. Seine Richtung ist von Norden gegen Süden. Ein einziges Nebenthal vereinigt sich mit ihm an der west= lichen Seite, das Thal des Biberbaches, welches sich von Friberts= hofen zwei Stunden lang herabzieht, ein einziges von der Ostseite, das Thal von Otmaring.

Von der Laber, deren Thäler nicht zur Altmülalp gehören, haben wir nur zu berichten, daß sie sich nicht weit oberhalb Dietfurt aus zwei Bächen bildet, welche auf den Höhen des fränkischen Jura in der sogenannten Geispfalz entspringen, und daß sie raschen Laufes aus einem mit ziemlich hohen Bergen besetzten Thale durch das Städtchen Dietfurt zur Altmül eilt.

Das vierte Nebenflüßchen der Altmül, die Riedenburger Schambach, kommt von der rechten Seite derselben heran und hat einen höchst geschwinden Lauf. Auf einer Strecke von 4 Stunden zählt man an ihr 24 Mühlen mit 49 Getrieben, ein Beweis, daß sie ein bedeutendes Gefäll hat, und es ließen sich wohl noch weitere Triebwerke an ihr anlegen. Sie hat keinen Seitenbach, aber wahrscheinlich, wenn sie gleich schon bei ihrem Ursprunge mächtig hervorsprudelt, manchen Zuschuß von Gewässer aus ihrem Beetgrunde. Das Thal, welches sie durchfließt, bietet viele schöne landschaftliche Ansichten. Der mittlere Theil desselben, welcher unbewaldete und niedrigere Berge hat, gewährt dem Auge weniger Reiz. Bei Altmanstein fangen die Berge an höher empor zu steigen und sind nicht weit unterhalb desselben größtentheils mit Wald geschmückt. Die schönen Felsenbildungen beginnen bei Hechsenacker. Das Thal bildet von Schamhaupten bis Riedenburg beinahe einen Halbkreis. Da seine Sohle größtentheils sehr schmal ist, so hat es nicht so viele Wiesen, als die Anwohner wohl wünschen mögen.

Zum Schlusse wollen wir noch der Stellen gedenken, wo sich die behandelten Thäler entweder am engsten zusammendrängen, oder am weitesten ausbreiten. Im mittleren Durchschnitte beträgt die Breite des Altmülthales 1100 bis 1200 Schritte. Vom obern Dietfurt an bis Hagenacker darf man sie nicht über 500 Schritte annehmen, ja an einigen Stellen, z. B. bei Zimmern, Altendorf und besonders von Hagenacker bis Dolnstein reducirt sich dieselbe auf 300 — 400 Schritte. Zwischen Riedenburg und Kelheim beschränkt sich die Ausdehnung gleichfalls auf 700 oder 800 Schritte. Ein hübsches Becken von fast einer halben Stunde Breite finden wir bei Pfahlspaint und Rieshofen und ein gleiches bei der Stadt Dietfurt, welches sich auf eine halbe Stunde in die Breite und auf drei Viertelstunden in die Länge ausdehnt. Der schöne Thalraum bei Beilngries, welcher sich in jeder Richtung auf drei Viertelstunden beläuft, kommt nicht für das Altmülthal allein in Rechnung, weil das hier ausmündende Sulzthal gleichfalls seinen Antheil in Anspruch zu bringen hat. Das Thal der Schwarzach hat fast durchaus die mittlere Breite des Altmülthales, das der Sulz aber eine sich gleich bleibende Breite von beinahe einer Viertelstunde. Die beiden Thäler der Anlauter und unteren Scham= bach dagegen sind fast durchaus so enge gespalten, daß man sie mit 300 — 400 Schritten in der Breite durchwandern kann.

Zuletzt kommen wir nun zu demjenigen Thale der Altmülalp, welches dem Flußgebiete der Altmül nicht angehört; es ist dieß das Thal der Schutter. Dieses kleine Flüßchen nimmt seinen Ursprung an dem Galgenberge bei Wellheim, welcher von Dolnstein etwas über 2 Stunden entfernt liegt. Dieser Zwischenraum besteht in einem Trockenthale, welches sich von Ried an bis zur Schutterquelle in einer großen Krümmung herumzieht. Um den Galgenberg bildet es ein schönes, rundes Becken. Bei Wellheim verengt es sich sehr, geht aber gleich wieder in die Breite von beiläufig 700 Schritten ausein= ander und behält diese Beschaffenheit bis unterhalb der Feldmühle, wo in südwestlicher Richtung von Rennertshofen und der Donau her das Hütinger Trockenthal einläuft. Dieses Thal, welches bis zur Donau bei Steppberg fast 3 Stunden lang und meistens 900 bis 1000 Schritt breit ist, hat einen großentheils sumpfigen Boden, wel= cher auf das Vorhandensein eines ehemaligen Sees schließen läßt, dessen Länge über 5 Viertelstunden betragen zu haben scheint. Von der Bildung und Bestimmung dieses Thales ist oben bei der allgemeinen Darstellung der Altmülalp schon ausführlich gesprochen worden. Das Schutterthal wird vom Kuchenberge an so enge zwischen Berghän= gen zusammengedrängt, daß es kaum mehr 200 Schritte in der Breite hat. Erst bei der Bauchenberger Mühle wird es wieder breiter. Bei Kassenfels hören die Berge an seinen Seiten auf, das Thal tritt weiter auseinander und ist nur mehr von sanften unbewaldeten Hügeln begränzt, die immer weiter zurückweichen und sich bei Mühl= hausen ganz verlieren. Der Boden des Schutterthales ist von seiner Quelle an bis Tünzelau ununterbrochen sumpfig und gestaltet sich mit dem Beginne des hügeligen Charakters der Thalseiten zu einem Moose, dem Schuttermoose, das sich bis unter Dünzelau fortsetzt. Einst war dieses Moos ein Tummelplatz der Jagdfreunde, welche hier dem Waidwerke auf wilde Gänse und Enten, auf Moosschnepfen (Becassine), Kibitze und eine Menge anderen Federwildes mit großem Vergnügen oblagen. In den letzten Jahren hat man es großentheils entwässert und der alten Jagdlust ein Ende, die Wiesen aber und Mühlen besser und einträglicher gemacht. Längs des ganzen Thales und besonders im Schuttermoose findet man in den sumpfigen Gründen an manchen Stellen aufgehende Wasser, die mitten in den Wiesen aus brunnen= artig gebildeten engen Schlünden heraufquellen. Sie sollen 60 — 80 Fuß und darüber tief sein, und werden von den Einwohnern für un= ergründlich gehalten. Man nennt sie Gläsbrunnen. Merkwür= dig sind sie immerhin, und wenn man in ihre schwarze Tiefe hinabschaut, kann man sich kaum eines unheimlichen Gefühles erwehren. Man kommt unwillkürlich auf den Gedanken, ob nicht da unten im Grunde Röhren über einem vulkanischen Heerde gewesen sein mögen, in welche nach dem Erlöschen des Feuers unterirdische Wasser eingedrungen und sich durch den weichen Boden zur Oberfläche heraufgebohrt haben. Mit dem erwähnten oberen Trockenthale verbindet sich außer dem Becker= thale bei den Wielandshöfen ein wenig weiter südlich das 2 Stunden lange Spindelthal, dessen Anfang man etwas oberhalb Tagmers= heim annehmen kann. Wenn man aber will, kann man mit gutem Grunde den Ursprung dieses Thales noch viel weiter gegen Westen ja bis hinter Monheim, 6 Stunden weit hinaufsetzen, da die bis dort= hin ununterbrochene muldenartige Bodenbildung dazu berechtigt. Bis in die Nähe von Tagmersheim hat dieses Thal noch den Charakter eines waldigen Bergthales, von da an aber ist es nur von sanften Hügeln eingefaßt. Eines immer fließenden Gewässers entbehrt es, aber oft wird es von wilden Wassern durchbraust, welche sich über die Gefilde von Kunstein Schaden bringend ergießen. In das Becken des Galgenberges zieht sich von Nordost aus dem Walde des sogenannten

Lehenstriegels vom Elsenberge her ein anderes Trockenthal, fast 1 Stunde lang, herein, das Wellheimer Loch genannt.

Die Schutter, Scutara, d. i. Scutar A, Schutterach, soviel als schlammiges Wasser, welche, wie angeführt, vom Galgenberge ihre Quelle hat, erhält ihre Hauptverstärkung aus dem Wellheimer Weiher, aus dessen Tiefen man das Wasser mächtig aufwallen sieht. Gleich an demselben treibt sie ihre erste Mühle. Innerhalb der Altmülalp und im Schuttermoose hat dieses Flüßchen keinen schnellen Lauf, aber es beschleunigt ihn außerordentlich unterhalb Dünzelau. Es durchfließt einen Längenraum von 8½ Stunden und man zählt an ihm 23 Müh=len, darunter 7 innerhalb der Alp, woraus sich sein günstiges Gefäll ermessen läßt. Nachdem es die Stadt Ingolstadt durchlaufen hat, vereinigt es sich bei dem alten Schlosse derselben mit der Donau. Das Beste, was sie an Fischen führt, sind Hechte. Alle Gewässer der Altmülalp zusammen setzen etwa 157 Mühlwerke in Bewegung, wobei aber die Anzahl ihrer Gänge anzugeben keine Quellen zur Hand sind.

Aus den Thalgründen angesehen, zeigen die Höhen der Bergwände in der Altmülalp manchmal flache Linien, die sich in längeren Strecken senken oder heben, so daß die Profile derselben sehr einförmig erscheinen. Aber da, wo Seitenthäler oder Bergeinschnitte einmünden, erscheinen schöne Abwechslungen, und wo Krümmungen der Thäler stattfinden, treten oft die in der Ferne von der Seite herbeischreitenden Berge mit Waldung und Felsen als der reizendste Hintergrund vor die Augen des Wanderers.

Wir setzen noch die Zahl der Ortschaften bei, welche in den be=schriebenen Thälern liegen. Im Altmülthale finden wir außer dem Hauptorte, Eichstätt, die Städtchen Pappenheim, Beilngries, Dietfurt und Kelheim nebst den Marktflecken Dolnstein, Kipfenberg und Rieden=burg, 10 Pfarrdörfer und 34 Dörfer und Weiler. Das Schwarzach=thal beherbergt in der Altmülalp das Städtchen Greding, 3 Pfarrdör=fer und 3 andere Dörfer, die Sulz das Städtchen Berching, 1 Pfarr=

dorf und 4 Dörfer. Im Dolnstein = Rieder = und Schutterthale bis zu des letzteren Ausflusse aus der Alp ruhen 1 Marktflecken, 2 Pfarr= dörfer und drei andere Dörfer, im Anlauterthale 1 Marktflecken, 4 Pfarr= dörfer, 5 Dörfer, im unteren Schambachthale 1 Marktflecken, 3 Pfarr= dörfer und 3 Dörfer. Die Zahl der auf der Hochebene liegenden Ort= schaften läßt sich wegen der Unbestimmtheit der Gränzen nicht angeben, doch kann man sie auf mehr als vierthalbhundert rechnen. Merkwür= dig ist aber, daß darunter kein Städtchen und kein Marktflecken ist.

IV.

Die Römerwerke in der Altmülalp.

Nach der Eroberung Rhätiens und Vindeliziens machten die Römer, wie nicht zu zweifeln, in diesem Theile Deutschlands die Donau zur nördlichen Gränze ihres Reiches, und trafen alle Anstalten zur dauernden Behauptung dieser Länder, die ihnen für die Sicherheit Italiens nöthig schien. Die tauglichsten Punkte wurden befestigt und allmälig in Städte verwandelt, Standlager errichtet, Straßen angelegt, Brücken geschlagen, Colonien gegründet. Nach seiner Gewohnheit brachte aber dieses Herrschervolk nicht bloß das Schwert in die neu gewonnenen Länder, sondern auch den Pflug und den Spaten. Die gelichteten Wälder der Provinzen bedeckten sich mit reichen Saaten und Obstbaumpflanzungen, und alle Künste einer hochgebildeten Kultur siedelten sich allenthalben an. Die Hauptpunkte des Landes wurden Augusta Vindelicorum (Augsburg) und Reginum (Regensburg). Neben diesen blühten noch eine Menge kleinerer Städte auf. Wie wir aus den Erzählungen und Darstellungen der römischen und griechischen Geschichtschreiber entnehmen können, waren die Römer entschlossen, den Donaustrom als bleibende Gränze ihres Reiches zu behalten, und diese Absicht war ihrer Staatsklugheit ganz angemessen. Demnach legten sie längs desselben am rechten Ufer verschiedene Befestigungen an und verbanden sie durch eine Hauptstraße unter sich und

mit ben Metropolen ber Proving. So warb es unter Augustus und mehrere
Decennien nach ihm gehalten. Allein die jenseits ber Donau wohnen=
ben kriegerischen Stämme ber Deutschen ließen, von Kampf= und Beute=
lust getrieben, nicht ab, theils in oft wiederholten kleineren Raubzügen,
theils in große Massen vereint, über den Fluß zu setzen und in die
verlockenden reichen Provinzen verwüstend einzufallen. Die Römer er=
kannten, daß die flachen Gelände des rechten Donauufers allzuwenig
Gewähr boten, die bereits besetzten und in staatliche Ordnung gebrach=
ten Provinzen zu sichern; sie sahen sich genöthigt, ihre Gränzen über
die Donau vorzurücken. Mehrere Punkte wurden an deren nördlicher
Seite befestigt und eine Gränzlinie ausgesteckt, welche die beiderseitigen
Gebiete trennen sollte. Diese Gränzlinie, welche bei den Historikern so
oft unter dem Namen des Limes danubianus erwähnt wird, warb
vielleicht nach einer glücklichen Besiegung der Nachbarstämme durch Ver=
gleich zu Stande gebracht. Aus der Richtung, welche dieser Limes er=
hielt, erkennen wir, daß die Politik der Römer in Hinsicht auf die er=
oberten Provinzen bereits eine Veränderung erfahren hatte. Denn diese
Linie hielt sich nicht parallel mit den bisher gewonnenen Landstrichen,
sondern zog sich von Kelheim immer mehr nach Nordwesten hinauf bis
nach Gunzenhausen, von wo sie die hauptsächliche Richtung gegen
Westen einschlug. Sie scheint also zu der Zeit angelegt zu sein, als
die Römermacht auch von Helvetien aus nördlich und von Gallien her
gegen Osten in das Land der Allemanen vorgedrungen war und sich
zur Behauptung der bekannten Agri decumates in dem Winkel zwi=
schen dem Bodensee und Oberrheine entschlossen hatte. Daß dieser
Limes, der vielleicht nur aus einem Graben bestand, von den nörd=
lichen Barbaren in die Länge geachtet werden würde, konnten die Rö=
mer selbst schwerlich erwarten. Und in der That setzten jene ihre Ein=
fälle in das römische Gebiet so beharrlich fort, daß endlich der Kaiser
Hadrian den bisherigen Limes in eine stärker befestigte Gränze ver=
wandelte, welche das Eindringen der Deutschen wenigstens erschweren

sollte. Wahrscheinlich wurde der schon bestehende Graben vergrößert, der Wall erhöht und verstärkt und alles durch eingerammte starke Pfähle und Verhacke befestigt. So entstand das von seinem Urheber benannte Vallum Hadriani. Aber seine Vollendung erhielt es erst später durch den Kaiser Probus. Als nämlich die Angriffe der deutschen Völker auf das Römergebiet immer heftiger und häufiger wurden, machte dieser thatkräftige Herrscher aus der bisherigen befestigten Gränzlinie eine eigentliche Vertheidigungslinie, indem er an die Stelle des Erd= walles eine Mauer setzte, welche, wenn gleich ohne Mörtel gebaut, stärkeren Schutz gewährte, von Strecke zu Strecke niedrige Thürme erbaute und das ganze Hinterland des Vallum's mit Kastellen, Lagern, Thürmen, Pflanzstätten und Verbindungsstraßen erfüllte, ein Riesen= werk, dem an Großartigkeit nichts in Europa gleichkam. Es reichte von der Donau bei Hienheim bis an den Mittelrhein. Kein Hin= derniß der Natur konnte es hemmen, es ging durch Flüsse und Sümpfe, klomm die steilsten Berge hinan, senkte sich in tiefe Thäler und drang durch die Schluchten der dichtesten Wälder. Der Name desselben ist bei den Bewohnern des Landes bis zu unseren Tagen erhalten geblie= ben, nämlich Pfahl, Pfahlranken, Pfahlhecke, Pfahlrain. Da aber der gemeine Mann solche Werke, welche ihm über die mensch= lichen Kräfte zu gehen scheinen, dem Wirken übernatürlicher Wesen zuzuschreiben pflegt, so ist die Erbauung des Pfahls von dem aber= gläubischen Volke der Macht des Teufels zugeschrieben und das Werk Teufelsmauer genannt worden. Viele Ortschaften, auch Grund= stücke, Bäche, Brunnen in der Nachbarschaft des Vallum's führen Namen, welche mit dem Worte Pfahl zusammengesetzt sind und eine Menge Familien in den Landgerichten Eichstätt, Greding und Kipfen= berg heißen Pfahler. Es ist nicht unwahrscheinlich, daß ihre Vorältern Anwohner des Pfahles gewesen sind, wie es bei vielen von ihnen noch heutzutage der Fall ist. Bei der Anlage des Gränzwalles waren die Römer besonders darauf bedacht, die Altmülalp zu ihren Zwecken zu benützen, und es scheint, sie haben dem Altmülthale eine große militärische Bedeutung beigelegt.

Um einen klaren Entwurf des römischen Vertheidigungsplanes innerhalb unserer Altmülalp zu bekommen, wollen wir zuerst den Zug des Pfahlrankens durch dieselbe bis an die nordwestliche Gränze beschreiben und dann versuchen, ein kleines Bild von der ganzen militärischen Lokaleinrichtung auf diesem Raume hinzuzufügen.

Drei Viertelstunden westlich von dem Kloster Weltenburg liegen auf einer Anhöhe oberhalb der Donau ein paar Häuser, welche der Haberfleck heißen und den Namen des großen Kaisers Hadrian im Munde des Landvolkes bewahren. Eine Viertelstunde südlich davon hart am Ufer des Donaustromes beginnt der Pfahlranken oder die Teufelsmauer. Er zieht, in deutlichen Ueberresten sichtbar, die sanfte Anhöhe hinan und dann in den Hienheimer Forst, wo er bedeutend höher wird. Wie durch eine kerzengerade Allee kann man fast eine Stunde lang auf ihm dahin wandern. Wenn man aus dem Walde tritt, hat man links das Dorf Leimerstatt, rechts das Pfarrdorf Tettenwang. Auf den Fluren dieser beiden Oerter, sowie des gleich darauf zur Linken folgenden Pfarrdorfes Hagenhüll erblickt man den Pfahl nur lückenhaft als Fahrweg oder Feldranken bis auf den Kochberg, durch dessen Gehölz er wieder wohl erhalten geht. Ganz nahe dabei auf einem in das Schambachthal ausbeugenden Vorberge liegen die Trümmer und der Thurm der alten Römerburg Ad lapidem, Altmannstein. Vom Kochberge senkt sich der Pfahl steil in die Tiefe des Thales, wo er verschwindet, aber auf dem gegenüber liegenden Galgenberge wieder sichtbar wird. Noch einmal auf der Berghänge bei Solern zeigen sich Spuren von ihm, dann nicht eher wieder, als auf den Feldern des Mühlberges. Hier wendet er sich durch die sogenannte Schnepfenlucke und über die Schambach die steile Anhöhe hinauf und in den Köschinger Forst. Nach zwei Stunden Weges kommt er wieder daraus hervor, geht durch Zandt und zwi-

schen Denkendorf zur Linken und Gelbelsee zur Rechten hin=
durch nach der Burg Kipfenberg. Hier stürzt er sich in's Alt=
mühlthal hinab, in welchem keine Spur mehr von ihm erscheint. Aber
jenseits des Flusses steigt er wieder den Berg hinan, geht nahe an
Pfahldorf und Hirnstetten vorbei, indem er jenes zur Linken,
dieses zur Rechten läßt, und nimmt dann seinen Weg quer durch das
Walserthal nach Erkertshofen, welches er in der Mitte durchschnei=
det. In diesem Dorfe steht das Wohnhaus eines Bauernhofes auf
seinem Rücken. Wenn man außerhalb Erkertshofen die Eichstätt=Tit=
tinger Straße überschritten hat, gelangt man an denjenigen Theil des
Pfahlrankens, der die auffallendsten und großartigsten Ueberreste zeigt.
Eine Stunde lang zur Rechten des Dorfes Petersbuch streckt sich
ein Wall hin, der aus einer großen Masse übereinander geworfener
Steine besteht und mit einer fortlaufenden Hecke bewachsen ist. Dann
verliert sich der Pfahl wieder im Walde, wo er in einem stumpfen
Winkel eine nordwestliche Richtung nimmt. Hart an der Raiten=
bucher Ziegelhütte vorüber wendet er sich dem Salacher Berge
zu, während ihm die Dörfer Burgsalach und Indernbuch zur rech=
ten Seite bleiben. Nun ist er an der Gränze der Altmülalp ange=
kommen und senkt sich in die Bucht von Rohrbach hinab. Die
Länge seines in der Altmülalp durchzogenen Weges beträgt 16½ geo=
graphische Stunden. An vielen Stellen liegt das Gestein des Pfahl=
rankens offen zu Tage in unordentlichen Massen nach der Länge hin
aufgehäuft, an andern ist es mit Erde bedeckt. Die Höhe desselben
beträgt zwischen 3—5 Fuß. Diejenigen Punkte, an welchen Thürme
gestanden, erkennt man aus der größeren Menge und kreisförmigen
Ausbreitung des Steinwerkes. Dieß ist besonders der Fall auf der
Linie von der Donau bis Leimerstatt, wo die Spuren von einigen
derselben noch deutlich sichtbar sind. Doch schwebt über diese Thürme,
ihre Bauart und über ihre Einrichtung und Bestimmung das größte
Dunkel, so daß die langwierigen Streitereien wegen derselben noch

heute nicht zu Ende sind. Manche Alterthumsforscher haben sogar ihr
einstiges Vorhandensein ganz und gar in Abrede gestellt. Das war
wohl leicht gethan aber nicht nachgewiesen. Es ist jedoch kein Zweifel,
daß sowohl von diesen Resten als von dem Pfahle überhaupt im Laufe
so vieler Jahrhunderte durch das benachbarte Landvolk eine große Menge
des Gesteins als Baumaterial weggeführt wurde. Auch der an der
Nordseite desselben befindliche Graben wurde zum Zwecke des Feldbaues
größtentheils eingefüllt, und nur streckenweise bekommt man ihn noch
zu Gesichte. Da das Landvolk den ungeheuerlichen Bau des Pfahles
als ein Werk des Teufels ansieht, so ist es natürlich, daß es sich auch
seine Entstehung in wunderbarer Weise erklärt und auf und an den=
selben allerlei unheimlichen Spuk versetzt: „Der Teufel bat einmal den
Gottvater, er möchte ihm auch ein Stück des Erdbodens als Eigen=
thum schenken. Dieser versprach ihm einen ansehnlichen Theil, wenn
er ihn von eilf Uhr Nachts bis zum ersten Hahnenschrei mit einer
Mauer umschließen würde. Der Teufel arbeitete rüstig. Aber ehe er
noch mit dem Schlusse fertig war, krähte der Hahn; da warf er sein
ganzes Werk in Trümmer. Das ist die Teufelsmauer, deren Anfang
und Ende Niemand weiß.“ Ueber die Teufelsmauer oder durch die
derselben nahen Wälder geht die wilde Jagd unter entsetzlichem Sturme
und Geheule der bösen Geister. In einem Bauernhause, das auf der
Teufelsmauer steht, fährt alljährlich zu gewisser Zeit um Mitternacht
der Zug der wilden Jagd mitten durch die Wohnstube und den Ofen
in die Küche, von wo er durch den Rauchfang hinausbraust. Da die
Bauersleute diese Zeit wissen, so heben sie einige Kacheln des Ofens
aus. Auf dem Pfahlbucke zwischen Kipfenberg und Pfahldorf ging einst
ein Bauer des Weges dem Dorfe zu. Da sah er zwischen hohen
Buchenbäumen einen großen Haufen glühender Kohlen. Er meinte, es
sei ein Kohlenmeiler, und ging darauf zu, um sich in seine ausgelo=
schene Pfeife ein Köhlchen zu holen. Schon bückte er sich darnach, da
brauste es hinter ihm. Ein feuriger Reiter, der auf rothglühendem

Roffe faß, sprengte gegen ihn heran. Der Bauer entsprang in's Ge=
büsch, und der Unhold sauste vorüber. Es war der heidnische Kaiser
„Constitutianus", der hier einen ungeheuren Schatz in der Teufels=
mauer versteckt hat. So erzählte ein Bauernweib dem Verfasser dieser
Schrift, und sie blieb fest bei dem genannten Namen und sprach ihn
mehrmals deutlich aus, obwohl er ihr verbessernd ein paar andere
vorschlug. Der Name Constitutianus kommt wirklich auf Denksteinen,
die man im Bereiche der Altmülalp ausgrub, einigemal vor. Auf
demselben Pfahlbuck sieht man manchmal einen Hahn; wer ihn zu
fangen sucht, der verirrt sich im Walde.

Die in erwähnter Weise angelegte zweite oder nördliche Verthei=
bigungslinie seiner Provinzen schien jedoch dem Kaiser Probus noch
nicht hinlänglich, die Einfälle der Barbaren abzuhalten; es mußten
noch viele und mannichfache Werke zu diesem Zwecke zwischen ihr und
der Donaulinie erbaut, es mußte das Altmülthal, nicht bloß das
innerhalb des Pfahlrankens, sondern auch das außerhalb desselben
gelegene, mit in den Befestigungsplan gezogen werden. Denn wenn
Kaiser Probus es nöthig fand, dieses Thal von Kipfenberg an fluß=
aufwärts mit Bollwerken zu versehen, wiewohl der Pfahlranken nörd=
lich davon die verschanzte Gränze bildete und südlich starke Lager und
Colonien bestanden, so wird er es schwerlich für angemessen gehalten
haben, dieses Thal unterhalb Kipfenberg außer Acht zu lassen. Der
Pfahl hätte ja hier die Vertheidigung der Gränze ohne diese Verstär=
tung übernehmen und die Feinde im Besitze des strategisch wichtigen
Thales müssen hausen lassen. Wenn Celeusum und Artobriga (Kel=
heim und die Festung des Michelsberges) auch noch so bedeutend waren,
so konnte sich von ihnen aus die Beschützung des Pfahlrankens nicht
wohl auf eine Linie von 9½ Stunden erstrecken. Wiewohl wir als
Laien im Kriegswesen uns kein Urtheil anmaßen dürfen, glauben wir
doch, daß diese Gründe einigen Alterthumsforschern hätten zu Sinne
kommen sollen, um nicht zu der einseitigen Behauptung zu gelangen,

die Römer hätten außerhalb des Pfahles durchaus keine Befestigungen
angelegt. Unseres Bedünkens haben sie damit der militärischen Ein=
sicht des Kaisers Probus und der Römer überhaupt ein schlechtes Kom=
pliment gemacht. Wenn sie aber den Einwurf machen, daß weiter
gegen Nordwesten jenseits des Pfahles gleichfalls keine römischen Ver=
theidigungswerke vorhanden waren, so wollen wir erstlich den gründ=
lichen Nachweis hierüber noch abwarten, zweitens aber daran erinnern,
daß in jenen Gegenden kein zweites Thal von der eigenthümlichen
Beschaffenheit des Altmülthales vorkommt, daß ferner durch die Ver=
schanzungen auf den Höhen des Hahnenkammes, des Hörtfeldes und
der rauhen Alp für den nöthigen Schutz des flacheren Vorlandes hin=
reichend gesorgt, und daß überdieß, wie wir wissen, in den Gegenden
des heutigen Württembergs ein doppelter Pfahlranken gezogen war.
Und wenn dieß alles nicht wäre, so reden laut genug die Ueberreste
der Vertheidigungswerke außerhalb des Pfahles, denen man ihren römi=
schen Ursprung mit aller Mühe nicht abstreiten kann. Gerade das
Hauptbollwerk der Römer, welchem an Umfang und Großartigkeit
keines weder dießseits noch jenseits der Donau gleichkam, finden wir
außerhalb desselben, da, wo heutzutage Kelheim und Weltenburg lie=
gen, und auf dem Plateau des Michelsberges.

Als Hauptpunkte zwischen der Donau und dem Pfahlranken müssen
wir Germanicum (Kösching), Colonia aurelia oder Vetonianis (Naffenfels), Ad pontem oder Vetonianis (Pfünz) und
Buricianis (die alte Burg bei Weißenburg) annehmen. Auch in Pap=
penheim und in der Nähe vom Dorfe Dietfurt scheinen wichtige
Befestigungen bestanden zu haben; wir wissen aber ihre römischen
Namen nicht. Deßgleichen stoßen wir den Festungswerken von Eining
gegenüber, bei dem Dorfe Irnsing, ferner bei Ettling und auf
dem Kuchenberge nicht weit von Hüting auf ansehnliche Verschan=
zungen. Alle diese Plätze waren wohl bewehrt und mit Besatzungen
versehen, welche der äußersten Vertheidigungslinie als Reserven dienten.

Die Linie des Pfahlrankens hatte aber ganz nahe hinter sich wich=
tige Stützpunkte in der Befestigungskette, welche längs des Altmül=
thales und bis in einige Seitenthäler desselben angelegt war. Hier
waren die massiven, felsenfesten viereckigen Thürme erbaut, welche wir
noch heute bewundern. Jeder solcher Thurm war in der Regel 84
römische Fuß hoch, 42' breit und 8—9' dick. In der halben Höhe
desselben war der gewölbte Eingang angebracht, der durch zwei eiserne
Thüren verschlossen wurde. Nur durch Strickleitern oder Zugwerke
scheint man hinaufgelangt zu sein. Im Innern befanden sich zwei
Stockwerke, von denen das untere wahrscheinlich zur Aufbewahrung
der Geräthschaften und Vorräthe bestimmt war. Außer dem Eingange
gab es nirgends eine Oeffnung am Gebäude. Das Mauerwerk wurde
nach außen aus lauter rechtwinklig gebildeten großen Quadern gebaut,
die nur an den Kanten zugehauen waren. Man nennt sie Kropfsteine.
Die innere Wand war gleichfalls von Quadersteinen zusammengesetzt.
Zwischen diese beiden Wände wurde eine Masse von Steinbrocken und
Mörtel eingegossen, welche sich so sehr verhärtete, daß alles zu einem
felsenfesten Körper wurde. Denn auch der Mörtel der Quader hatte
dieselbe treffliche Beschaffenheit. So war denn ein solcher Thurm gegen
jeden Angriff mit Waffen und Feuer vollständig gesichert, wenn die
Lebensmittel und Getränke zureichten. Allein die Besatzung konnte
immer einer frühzeitigen Hülfe gewiß sein. Denn man gab den be=
nachbarten Festungen und Lagern die verabredeten Zeichen bei'm Tage
durch Rauch, des Nachts durch Feuer. Zu diesem Zwecke waren eigene
Einzelnthürme gleicher Art, Monopyrgien, errichtet, welche die Ver=
bindung vermittelten, die Straßen bewachten und wohl auch als Zu=
fluchtsstätten auf dem Marsche dienten. Außer diesen waren an ge=
eigneten Punkten auch Späh= oder Wartthürme erbaut. Die Burgen
oder kleinen Kastelle hatten in der Regel Thürme. Das Wort „Burg"
stammt von dem griechischen πύργος und ging in den spätern Jahr=
hunderten in den römischen Sprachgebrauch über. Vegetius erklärt

ben Begriff castellum parvulum — kleine Festung — mit burgus.
Im Volksmunde lautet es noch heute meistens „Burg", da ohne Zweifel
auch die Römer diesen Laut hören ließen. Die Burgen der Altmülalp,
welche an der Altmül und deren Nebenthälern angebracht waren, hatten
insgesammt ihre Stelle auf Bergvorsprüngen oder Felsenhöhen, zwei
derselben auf isolirten Felsenmassen im Thale. Um die Thürme dersel=
ben reihten sich verschiedene Gebäude, welche theils für die Zwecke der
Besatzung erbaut waren, theils von Gewerbs= und Handwerksleuten und
von Feldbebauern bewohnt wurden. Das Ganze war mit einer Schutz=
mauer umgeben und bildete zusammen das kleine Kastell, die Burg.

Noch aufrecht stehende Römerthürme, welche den Mittelpunkt
ihrer Burgen bildeten, begegnen uns im Altmülthale zu Pappen=
heim, Kipfenberg, Hirschberg, Rassenfels und Prunn,
in den Seitenthälern zu Wellheim, Bechthal und Altmanstein.
Der tief erniedrigte Thurm zu Kelheim gehört in das Gebiet der
Donau. Bei Rieshofen steht ein solcher Thurm in der Thalsohle
an der Altmül. Er war ohne Zweifel ein Verbindungsthurm der
oben angeführten Art. Von dem eigenthümlich construirten Thurme
der Ruine Arnsberg wird in der Wanderung durch die Altmülalp
des Näheren die Rede sein. Historisch nachgewiesen ist das Vorhan=
densein von Römerthürmen in Mörnsheim, Hüting, Eggers=
berg, Randeck. Daß noch an mancher anderen Stelle solche Thürme
standen, läßt sich mit gutem Grunde vermuthen. Dieß mag z. B.
der Fall gewesen sein in Dolnstein, Schamhaupten, Flügelsberg ꝛc. ꝛc.
Die Verschanzungsreste auf dem Kuhberge gegenüber von Flügels=
berg, deren römischen Ursprung der Name des nahe liegenden Kästel=
hofes verräth, haben wahrscheinlich sich eines Spähethurmes erfreut,
der die Signale von Altmanstein, Eggersberg, Flügelsberg und Hirsch=
berg vermitteln konnte.

So sehen wir denn an dem Altmülthale eine wohlgefügte Kette
von Vertheidigungswerken, und wir begegnen nur einer einzigen erheb=

lichen Lücke, nämlich zwischen Dolnstein und Pfünz, in welchem Zwi=
schenraume einige Alterthumsforscher der Stadt Eichstätt, und beson=
ders der Willibaldsburg römische Bauwerke aus dem Grunde vindicir=
ten, weil man in dieser ein paar Denksteine, in jener mehrere Mün=
zen dieses Herrschervolkes fand. Darauf hätte sich ein guter Grund
bauen lassen, die angegebene Lücke durch ein ehemals im Thale oder
noch wahrscheinlicher auf dem Willibaldsberge vorhandenes Festungs=
werk auszufüllen. Allein dabei hätte noch immer etwas zur Verbin=
dung mit Dolnstein gefehlt, und die Funde in der Burg und Stadt
erwiesen sich als Fremdlinge, die man von anderwärts hieher gebracht
hatte. Gleichwohl ist es höchst wahrscheinlich, daß der Willibalds=
berg ein Römerpunkt war. Daß man keine Spuren römischer Be=
festigungen auf demselben findet, ist gar wohl erklärlich. Die Eich=
stätter Fürstbischöfe, die hier ihren stattlichen Wohnsitz gründeten und
später den Berg mit großartigen Festungswerken bedeckten, haben mit
den Ruinen der Vorzeit gründlich aufgeräumt, und die damalige Zeit,
welche für römische Funde kein Interesse hatte, dachte nicht daran,
etwa vorgefundene Merkwürdigkeiten als Erinnerungszeichen der Vorzeit
aufzubewahren. Die in der Geschichte Eichstätts seit Jahrhunderten
vorkommenden Grübeleien von einem Aureatum sind noch nicht
genugsam aufgeklärt, da die Widerlegung von Aventins falscher Er=
klärung einer Nassenfelsischen Inschrift hiezu nicht ausreicht. Es ist
auch möglich, daß die Römer diese Strecke durch die Nähe der zahl=
reichen Besatzungen von Pfünz und Nassenfels für hinlänglich gedeckt
hielten, zumal da vielleicht an der Stelle des heutigen Dorfes Preit
(Buchner nimmt Wimpassing an) ein kleines Kastell oder Lager stand.

Die kleinere Lücke zwischen Kipfenberg und Hirschberg füllt sich
leicht aus, wenn wir uns denken, daß die einstige Burg auf der Höhe
von Emmendorf wahrscheinlich einem römischen Kastelle ihren Ursprung
verdankte. Was nun die römische Originalität des Schlosses Hirsch=
berg und seines Thurmes und Gemäuers betrifft, welche von ver=

schiedenen Seiten angestritten wird, so bleiben wir ruhig bei unserer
Ueberzeugung, daß hier Römer bauten, und bestärken uns um so mehr
hierin, wenn wir den Anblick des alten Thurmes von Hirschberg und
der damit verbundenen Mauerwerke genießen, die durch ihre großartige
Festigkeit und charakteristische Fügung einen so überraschenden Kontrast
gegen die benachbarten zerfallenen Gemäuer der späteren Zeit bilden.
Ueberdieß wird unsere Behauptung durch den Gedanken unterstützt, daß
die Römer, diese Meister der Kriegskunst, nicht können so thöricht gewesen
sein, die wichtige Passage der Sulzthaleinmündung in das Altmülthal
unbewacht und unvertheidigt zu lassen, während sie oberhalb und unterhalb auf den Altmülbergen so viele und bedeutende Befestigungen anlegten. Ebensowenig können wir die Einwendung gegen die Echtheit
mancher Römerbauten gelten lassen, welche sich auf den Umstand gründet, daß die Steine derselben nicht mit den gleichen Werkzeugen be-
hauen seien. Wir werden diesen Grund nicht eher zulassen, als bis
uns durch baukundige Männer, welche mit den römischen Bauwerken
Italiens und aller ehemaligen römischen Provinzen vollkommen vertraut
sind, hinlängliche Beweise geliefert werden, daß dieselben Instrumente
für dergleichen Bauten in den betreffenden 400 Jahren ohne Ausnahme im Gebrauche gewesen sind. Manche der mit den bekannten
Kropf- oder Buckelsteinen erbauten Thürme und Mauern werden in
neuerer Zeit der Baukunst des 12. und 13. Jahrhunderts zugeschrieben.
Wenn wir zugestehen, daß in früherer Zeit manche Alterthumsforscher
aus übergroßem Eifer, wenn sie in einer Mauer nur etliche Kropfsteine sahen, allzuschnell bereit waren, einen solchen Bau als Römerwerk zu erklären, so dünkt es uns, als ob heut zu Tage in demselben
Maße eine negirende Kritik sich Mühe gebe, die Bauwerke, welche man
bisher den Römern zuschrieb, besonders diejenigen, welche sich in den
Donauländern befinden, nicht bloß auf eine möglichst kleine Zahl zu
beschränken, sondern wohl gar die Ansicht von den Baumeistern derselben als einen alten Irrthum hinzustellen. Trat doch vor einigen

Jahren ein Engländer, der vielleicht einige Tage der Besichtigung dieser Baudenkmale gewidmet, mit der Behauptung auf, diese Thürme seien keineswegs von den Römern, sondern im 9. und 10. Jahrhundert von den deutschen Donauvölkern zum Schutze gegen die Raubzüge der Ungarn erbaut worden. Er dachte nicht daran, daß solche Bauwerke, wenn sie ihrem Zwecke entsprachen, schwerlich so vereinzelt geblieben oder auf die genannten Gegenden beschränkt worden wären. Die Existenz der aus Kropfsteinen erbauten Thürme nur an einstigen Römerstätten und bloß in Gegenden, wo dieses Eroberervolk gewaltet, die Nichtanwendung dieser ausgezeichnet zweckmäßigen Bauart bei andern Befestigungswerken im Mittelalter, besonders zu der Zeit, als zahlreiche und darunter reiche Städte sich mit Schutzmauern umgaben, und an den Stellen, wo die abgeurtheilten Bauten noch heute stehen, die grell abstechende Schwäche des benachbarten Gemäuers mögen denjenigen, welche für die Baukunst des 12. und 13. Jahrhunderts eintreten, Gelegenheit geben, diese Bedenken zur Begründung ihrer Behauptung befriedigend aus dem Wege zu räumen.

Nachdem wir nunmehr die Vertheidigungsanstalten der Altmülalp in dem Pfahlranken und der Altmüllinie besprochen, kommen wir zu den Hauptwerken, welche zwischen diesen und der Donau und in den westlichen Gränzgegenden bestanden.

Das größte Bollwerk der römischen Kriegseinrichtungen finden wir auf dem Michelsberge. Es verbreitete sich nicht nur in weiter Ausdehnung über die Hochfläche desselben, sondern stand auch mittels einer Brücke mit den Befestigungen von Valentia (Weltenburg) in Verbindung und streckte seine Wälle, Gräben und Schanzen in die Tiefe hinab zur Donau und Altmül über den Raum der heutigen Stadt Kelheim. Diese Stadt führte den Namen Celeusum (man spreche Kelensum, wie es auch bei den Römern lautete); die Gesammtheit aller Werke auf dem Michelsberge hieß Artobriga. Man wird von Staunen ergriffen, wenn man die Ausdehnung und Großartigkeit berselben betrachtet. Eine dreifache Linie von Verschanzungen zieht sich in größeren Zwischenräumen, eine immer mächtiger als die andere, von der Donau bis zum Altmülufer. Die Länge der innersten und klein= sten hinter der Befreiungshalle beträgt 620', die der zweiten 3800', und zur Durchwanderung der äußersten hat man eine kleine Stunde nöthig. Der Durchschnitt des ganzen Befestigungsraumes in der Rich= tung von Osten nach Westen beträgt gegen 10,000'. Noch heute sind die Wälle an vielen Stellen 18—19' hoch und die Außengräben 40—50' breit. Unten an den Uferbauten des Stromes lag die Donauflottille.

Südwestlich von Kelheim, den noch jetzt sich hoch erhebenden Schanzwerken bei dem Pfarrdorf Eining gegenüber, und unzweifel= haft mit ihnen durch eine Brücke verbunden, begann die Hauptstraße, welche die ganze Altmülalp durchzog. Zwischen ihr und der Donau lag ein großes Kastell nahe dem Dorfe Irnfing. Wir wissen seinen Namen nicht. Ein fast eben so großes Kastell, dessen Name ebenfalls unbekannt ist, begegnet uns an dem Kelsbache, ehe wir nach Ettling gelangen. Etwas über 5 Stunden vom ersten Kastell entfernt lag die Römerstadt Germanicum, von welchem das heutige Kösching noch einige Reste zeigt. Es war ein Hauptort der römischen Herrschaft. Von Germanicum 5½ Stunden entfernt finden wir Vetonianis oder Colonia Aurelia (Naffenfels), eine der bedeutendsten Pflanzstädte dieser Gegend, 2¾ Stunden von dem Castrum, welches Ad pontem geheißen haben soll und jetzt Pfünz heißt (einige Historiker legen diesem und nicht dem Flecken Naffenfels den Römernamen Vetonianis bei), und eben so weit von dem jenseits der Donau gelegenen Atilia (alte Burg bei Neuburg) entfernt. Zwei Stunden westlich von Naffenfels befindet sich der Kuchenberg, welcher den engen Eingang in das Schutterthal und das von Südwest einmündende Hütinger Thal beherrscht. Ansehnliche Schanzen und Gräben breiten sich auf seiner Höhe aus. Von Weißenburg westlich am Fuße der Wilzburg zieht sich eine Bergeintiefung in den Saum des Waldes hinein, in welcher bedeutende Mauerwerke und Gräben sich weit herum verbreiten und von dem einstigen Dasein wichtiger Befestigungen Kunde geben. Daß hier das Buricianis der Tabula Peutingeriana stand, hat die größte Wahrscheinlichkeit für sich. Natürlich gehörte zu dem Umfange dieses Festungswerkes auch das über demselben gelegene Wilzburg, welches weit und breit die Landschaft überschaut. Hätten die Römer diesen wichtigen Punkt nicht benützt, so müßten sie eben blind gewesen sein. Alles spricht dafür, daß Buricianis der Mittelpunkt einer großen römischen Anpflanzung war, welche die fruchtbaren Gefilde von Weißenburgs Umgegend bebaute und vielleicht an der Stelle der jetzt in Trümmern liegenden Burg Flügling sein westliches Schutzkastell hatte. In Emetzheim scheint eine wohlverschanzte große Filiale der Hauptkolonie gewesen zu sein. Gegen Süden hin etwas nördlich von dem Pfarrdorfe Diethurt bestand, wie die weitverbreiteten Ruinen bezeugen, gleichfalls eine ansehnliche Kolonialstadt, welche mit den Kastellen von Pappenheim und Treuchtling und mit den Ansiedlungen von Osterdorf, dem Altheimerberg und anderen in Verbindung stand. Nach Norden hin hatte Buricianis den Pfahlranken nur eine Stunde von sich. Ueberhaupt war diese Gegend, wo die Altmülalp in einem hohen Bergrande endet und sich an ihrem Fuße eine schöne weite Landschaft mit trefflichem Gelände ausbreitet, für die Römer von größter Wichtigkeit. Etwa 1½ Stunden östlich von Wilzburg liegen im Walde die Trümmer eines Thurmes und eine halbe Stunde davon die Ueberreste einer sehr großen römischen Burg, welche Vorwerke von Buricianis gewesen zu sein scheinen.

Alle diese Festungen, Lager, Kastelle, Thürme und Colonien standen durch ein großes Netz von Straßen theils mit den Hauptstädten der Provinz, theils unter sich selbst in Verbindung. Die Straßen aber waren je nach der größeren oder geringeren Bedeutung ihrer Bestimmung von verschiedener Art. Die Hauptstraßen (viae publicae) waren breiter, mit festerem Unterbau versehen und an manchen Strecken gepflastert. Die kleineren Straßen (viae diversoriae), welche vorzugs=weise zur Verbindung der geringeren befestigten Plätze dienten, waren zwar nicht so massiv und breit, aber immer noch sehr dauerhaft und zweckmäßig angelegt. Meilensteine zeigten an den Hauptstraßen die Entfernungen an, Hermeskreuze standen als Wegweiser, an verschie=denen Stellen waren eigene Steine zum Besteigen der Pferde gesetzt; ja man hat Spuren, daß zum Ausrasten der Ermüdeten steinerne Ruhesitze errichtet waren. Der Bau der Römerstraßen war so fest, daß nach mehr als 1200 bis 1400 Jahren mehrere derselben bis zum heutigen Tage den Bauern als Fahrwege dienen; und noch jetzt sind sie nicht ganz durchgefahren, oft sogar ihr Körper ganz unverletzt. Zwei Straßenzüge sind es, welche von den Metropolen der Provinz in unsere Altmülalp führten. Die Straße, welche von Regensburg herkommt, beginnt dem Dorfe Eining gegenüber und geht in schnur=gerader Richtung zwischen Irnsing, Marching und Pföring zur Rechten und Forchheim zur Linken vorbei nach Ettling. Hier nimmt sie eine kaum merkliche Biegung nach Süden und setzt ihren Weg nach Kösching fort, wo sie eine Wendung nach Nordwest macht und eine kerzengerade 5½ Stunden lange Linie bis nach Pfünz be=schreibt, indem sie Heppberg, und Wettstetten zur Linken, Bömfeld und Hofstetten zur Rechten läßt. Von Pfünz, wo sie auf einer Brücke über die Altmül setzte, läuft sie wieder in gerader Linie 5½ Stunden lang bis zu jener bei Buricianis angeführten Burg immer in nordwestlicher Richtung, wobei sie sich im Raitenbucher Walde der Teufelsmauer auf eine Viertelstunde nähert und derselben über 1½ Stunden lang parallel bleibt. Bei der Burg nimmt sie die Wendung nach Westen und endete wahrscheinlich in Baricianis. Die zweite Hauptstraße kommt von Augsburg her, bei Steppberg über die Donau und nimmt ihren Weg über den Ikstetter Hof, an Attenfeld rechts vorbei nach Raffenfels. Diese Hauptstraße war von da über Gaimersheim nach Kösching weiter geführt, und ist bis unterhalb Wolkertshofen zum Theil noch jetzt als Straße benützt. Daß von Kösching eine Nebenstraße nach Kipfenberg ging, ist kaum zweifelhaft, nach Ingolstadt hat man Spuren derselben aufgefunden.

Wie von Kösching liefen von Nassenfels ebenfalls mehrere Straßen aus. Außer den genannten zwei Hauptstraßen noch drei von geringerer Art. Eine zog in der Richtung von Südwest nach Atilia (die alte Burg bei Neuburg), eine zweite läuft über Möckenlohe nach Pfünz, indem sie Abelschlag und Pietenfeld zur Linken hat. Die dritte geht in nordwestlicher Richtung hart an Bisenhart vorüber durch den Witmeswald nach Dollnstein, bei der dortigen Ziegelhütte den Berg hinan, läßt Eberswang und Schönau rechts, Bißwang links, überschreitet den Hirsch= und Zwieselberg, berührt Göhrn, zieht zwischen Osterdorf und dem Bergnershofe durch und fällt durch das Rauchthal in das Altmülbecken, wo sie endlich nahe bei Treuchtling endet. Diese Straße hat im Witmeswalde Strecken, wo sie von Menschen völlig unversehrt erscheint. Daß von Lycostoma (Lechsgmünd) oder noch wahrscheinlicher von Steppberg aus eine Straße über Burgmarshofen nach der Colonie bei Dietfurt führte, dürfte schwerlich zu bezweifeln sein.

Nachdem wir nun von den römischen Niederlassungen und ihren Vertheidigungsanstalten in der Altmülalp und an deren südlichem Abhange einen allgemeinen Grundriß gewonnen, dürfte es nicht schwer fallen, uns von dem Leben und Walten der Römer in dieser Gegend ein lebhafteres Bild zu gestalten. Die befestigten Städte und Lager hatten zahlreiche Besatzungen von Kohorten und Reiterschaaren, von welchen kleinere Abtheilungen in die Kastelle, in die Burgen und Thürme des Pfahlrankens verlegt waren. Von diesen hinwieder wurden die Monopyrgien und Spähethürme mit Mannschaft versehen. Alles war in innigem Zusammenhange. In den Städten wohnten neben dem Militär Gewerbsleute, Handwerker, Kaufleute und Künstler.

Das Land umher und bei den zahlreichen kleineren Ansiedlungen des Bezirkes wurde theils von eingewanderten Römern, theils von ausgedienten Soldaten, theils von solchen deutschen Familien angebaut, welche sich aus den benachbarten Volksstämmen herübergezogen und unter den Römern niedergelassen hatten. Der Handelsverkehr war allenthalben belebt, und die nördlichen deutschen Anwohner brachten während der Pausen des Kampfes ihre Produkte in die römischen Städte, sogar bis Augsburg, und kauften sich in denselben ihre Bedürfnisse ein. Wer damals nördlich von der Donau das flache Land durchwanderte, erblickte eine blühende Landschaft voll rühriger Städte und Ansiedlungen mit Fluren reich an Feldfrüchten und Obstbäumen. Ohne Zweifel befanden sich zwischen denselben manche wohlbegüterten Landsitze. Denn die Römer, selbst die vornehmen, waren eifrige Freunde des Ackerbaues und Meister im Betriebe desselben. Wenn man aber den Anhöhen der Altmülalp näher kam, so breitete sich nach beiden Seiten ein unabsehbarer Waldsaum aus, durch welchen nur wenige Straßen in das dichte Gehölze voll riesengroßer Bäume führte. Stunden lang gingen diese Wege in gerader Linie fort, nichts begegnete dem Wanderer als zahlreiche Hirsche und Rehe, die über die Straße liefen, oder manchmal ein Bär und im Winter ein Rudel Wölfe, welche nach Beute jagten. Der Auerochs, der Büffel (bison), der Schelk (Springhirsch) und das Elennthier lagerten im sumpfigen Dickicht, wo oft das heisere Gekrächze zahlloser Vögel erscholl. Sah man einen Rauch über dem Walde aufsteigen, so war es meistens das Zeichen eines nahen Wart- oder Kastellthurmes, dessen Zinnen man bald darnach über die Baumwipfel emporragend erblickte. Wenn sich nach langer Wanderung die Straße senkte, so kam man in ein Thal, wo von steilem Felsen eine Burg herabschaute und den Durchgang beherrschte. Aber nicht weit von derselben, thalaufwärts, thalabwärts ruhten finstere Wälder von schlammigem Gebüsche unterwachsen. Jenseits des Thales stieg die Straße die Berghöhe wieder hinauf durch dichtes

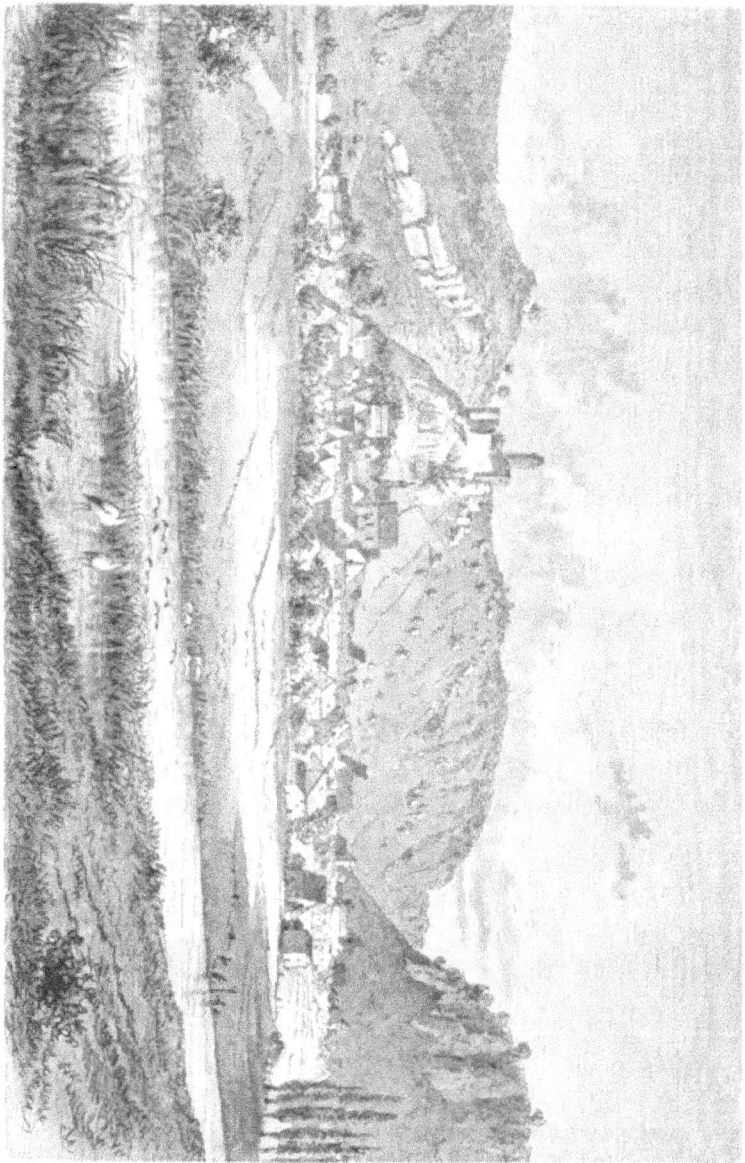

Ziffenberg.

Gehölz und fort und fort stundenlang durch eine schaurige Waldeinsam=
keit, bis sich endlich die hellen Fluren kleiner Ansieblungen öffneten,
und der Wanderer an dem Rande der Altmülalp stand. Vor ihm
eine fruchtbare Landschaft in der Niederung, zur Rechten, hinter un=
durchbringlichen Wäldern, weither blinkend, ein mächtiger Thurm auf
hohem Berge.

Die Berggegenden der Altmülalp mit ihren tiefen und engen
Thälern, ihren Waldungen und Felsenklüften waren der eigentliche
Kriegsboden des Gränzlandes. Sein Pfahlranken, seine Kastelle und
Burgen erhielten Ablösung und Hülfstruppen und die meisten Vorräthe
aus den dahinter liegenden Städten und Colonien. Am Pfahle und
in seinen nahen Wäldern wurde der nur periodenweise unterbrochene
schwere Kampf unterhalten, der Jahrhunderte lang nicht die ungestüme
Begierde deutscher Stämme, aber zuletzt die Kraft des ermattenden
Römerreiches brach. Viele tausend Grabhügel in den Wäldern der Alt=
mülalp geben davon ein düsteres Zeugniß. Besonders zahlreich, oft
zu Hunderten auf nicht gar weitem Raume, findet man sie in der
Grafschaft Pappenheim, bei Haunsfeld, im Weißenbur=
ger und Raitenbucher Walde, bei Eglofsdorf und an an=
deren Stellen, und fast nirgends mangeln sie. Eine große Anzahl
dieser Gräber hat man durchgraben und untersucht. Man machte in
ihnen die bekannten, meistens gleichartigen Funde, nämlich Menschen=
knochen, Waffen, Spangen, Ringe, Schmucknadeln, Sporen, Aschen=
krüge, Münzen ꝛc. ꝛc. Die meisten dieser Hügel liegen noch unbe=
rührt, und da man doch auf keine Ausbeute von neuer Art zu hoffen
hat, so mögen sie es auch bleiben und fortwährend Denkmale jenes
großen und blutigen Kampfes sein.

Die Bedeutenderen antiquarischen Gegenstände fand man an Stät=
ten, wo Kastelle oder Colonien gestanden hatten. Da kamen erstlich
eine Menge Münzen zu Tage, welche wichtige historische Anhaltspunkte

6

boten. Leider wurden die meisten in alle Welt zerstreut. Außer den Münzen wurden ausgegraben:

1) Gelübbesteine, und zwar dem Mercur geweiht, in Pfö=
ring, in Tünzelau und in Naffenfels; die beiden letz=
teren sind noch an ihrem Fundorte.

2) Altäre, Aren, in Irgertsheim, Naffenfels, am
Steinbrunnen bei Pappenheim, in Pfünz, Pföring,
Emetzheim und Weißenburg. Die zwei letzten Orte
besitzen ihren Fund noch, Weißenburg sogar in drei Exemplaren.

3) Denk= und Grabsteine in Kösching, Naffenfels,
Weißenburg, Emetzheim, Pföring; der Weißenburger
ist noch an seinem Fundorte.

4) Basreliefe: in Naffenfels Europa von Jupiter entführt,
jetzt verloren; Diana mit einem Rehe und Hunde, im k. An=
tiquarium in München; Romulus und Remus, von der Wöl=
fin gesäugt, noch in Pföring; das Ehepaar mit dem Nil=
schlüssel und die phantastischen Vogelgestalten mit den verschlun=
genen Hälsen noch in Mauern.

5) Ein Genius und die Büste einer Bachantin aus Bronce,
gefunden in Pföring, jetzt im k. Antiquarium in München.

6) Eine Schale mit zwei Frauenköpfen, in Pfünz; eine andere
mit schwarz aufgetragenen Kornähren und der Aufschrift: Cereri
sacrum', am Steinbrunnen in Pappenheim.

Meilensteine mit und ohne Aufschrift wurden gefunden bei Id=
stetten, Dietfurt, Kösching, Wolkertshofen, Burgmars=
hofen; Straßenhermen bei Pappenheim und Schambach.

Seit fast 300 Jahren hatte man in Bayern den Ueberresten und
Denkmälern der Römer nachgeforscht, und in den letzten Decennien
waren sowohl einzelne Alterthumsfreunde als auch Vereine mit beson=
berem Eifer beflissen gewesen, an den historischen Stätten zu suchen,

um jene Schätze des Alterthums und historischer Zeugnisse an den
Tag zu fördern, von welchen so eben die Rede war, als plötzlich ein
Ereigniß eintrat, welches alle Männer der Geschichte und Kunst in
freudige Ueberraschung versetzte und selbst das Landvolk der umliegen=
den Gegend und die Bewohner der benachbarten Städte in ungewöhn=
liche Bewegung brachte. An einem Orte, wo man noch keine Spur
alterthümlicher Merkwürdigkeiten entdeckt, wo Niemand einen histo=
rischen Fund geahnt hatte, im Dörfchen We st er h o f e n (nicht Westen=
hofen, so wenig als Westenwald und Oestenreich) eine halbe Stunde
nördlich von der Römerstraße bei Wettstetten und nur einige hundert
Schritte von der Ingolstädter = Beilngrieser Straße entfernt, stießen
am Anfange des August 1856 Arbeitsleute bei'm Graben eines Bau=
fundamentes auf einen Schatz des Alterthums, der selbst in den Räu=
men von Pompeji und Herkulanum die froheste Sensation erweckt hätte.
Zwischen 3 — 5' tief unter der Erde wurde ein Mosaikboden entdeckt,
der zu den schönsten und großartigsten aller bisher aufgefundenen gehört.
Er bildet ein reines Quadrat und bedeckt mit dem nördlich daran=
stoßenden Kreisabschnitte einen Raum von 833 Quadratfuß. Er ist
ein römisches Atrium. Um das Impluvium in der Mitte, welches
gleichfalls ein Quadrat darstellt, sind, mit mannichfachen Zeichnungen
verziert und äußerst symmetrisch gruppirt, 20 Felder gelagert. Die
vier innersten sind mit Bildern versehen, welche auf Seeungeheuern
reitende Tritonen und Nereiden vorstellen. In den beiden mittleren,
an diese angränzenden Feldern sieht man je zwei gegen einander gerich=
tete Delphine. Die 20 Felder zusammen sind von einer höchst zier=
lichen Garnitur eingefaßt. Die schönste Kunstarbeit befindet sich in
dem Friese des Kreisabschnittes, der gegen Norden angebracht ist und
eine vortrefflich gearbeitete Jagdscene vorstellt. In der Kreisrundung
selbst zeigt sich ein Stier und ein Bär gegen einander stehend. Der
ganze Mosaikboden ist aus· unzähligen etwa einen Drittel=Zoll dicken,
meistens viereckigen Steinchen zusammengefügt, welche von Farbe

6 *

weiß, grün, schwarz, roth, mitunter in's Braune oder Blaue spielend sind.

An dieses herrliche Kunstwerk stoßen zur Linken verschiedene kleinere und größere Gemächer und in denselben Heizungskanäle. Aus allem läßt sich ersehen, daß hier ein reicher und kunstsinniger Mann seinen prachtvollen Wohnsitz hatte. Der Platz dazu war gut gewählt. Hier neigt sich die Altmülalp in sanften Senkungen gegen Süden, die gegen Norden befindliche waldreiche Anhöhe wehrt den kalten Stürmen und der wasserreiche Hügel von Stammham gewährt überflüssig Wasser zu allen Bedürfnissen. Schade, daß man der Kosten wegen keine weiteren Nachgrabungen vorgenommen hat. Das nahe dabei gegen Südwest liegende Feld, welches nach der Aussage der Landleute beim Ackern an manchen Stellen einen dumpfhohlen Ton vernehmen läßt, sowie das gegen Norden hart am Fundorte liegende Schlößchen, in früherer Zeit ein herrschaftlicher Sitz, verbergen höchst wahrscheinlich noch weitere interessante Ueberreste römischer Bauwerke. Gleich nach der Entdeckung dieses merkwürdigen Schatzes eilten von allen Seiten Alterthumsfreunde und Neugierige herbei, um den bewunderungswürdigen Fund zu schauen, und die Bewohner der nächsten Dörfer und Städte strömten zu Fuß und zu Wagen in solchen Massen hinzu, daß an manchen der ersten Sonntage nach der Auffindung mehrere tausend Menschen am Platze waren. Später wurde der Mosaikboden von der königlichen Staatsregierung dem Grundeigenthümer abgekauft, sorgfältig ausgehoben und in das kgl. Nationalmuseum nach München gebracht.

Die schönen und nützlichen Werke der ehemaligen Weltbeherrscher sind durch den Sturm der Völkerwanderung zertrümmert und unter dem Schutte der auflösenden Jahrhunderte begraben worden. Was auf der Oberfläche des Bodens aufrecht blieb, wurde von den nachrückenden Volksstämmen zu verschiedenen Zwecken verwendet oder allmälig weggeräumt. An die zu Felsen verwachsenen Römerthürme bauten die reicheren freien Grundbesitzer ihre Wohnungen an, um des Schutzes

derselben zu genießen. Es erhoben sich Burgen, in welchen später ver=
wilderte Rittergeschlechter den Satzungen staatlicher Ordnung trotzten.
Aber die wachsende Bildung und Gesittung verbunden mit den großen
Erfindungen der Jahrhunderte vertrieb auch sie aus diesen Horsten.
Die Burgen fielen in Trümmer und zwischen diesen Ruinen stehen
noch viele dieser mächtigen Thürme, als sollten sie künftige Geschlechter
an die Größe und Herrlichkeit ihrer hochgebildeten Urheber erinnern.

V.

Wanderung durch die Altmülalp.

Wir ziehen zum Besuche der Altmülalp von Weißenburg aus, der alten gewerbreichen ehemaligen Reichsstadt, welche in fruchtbarer Ebene am Fuße der nordwestlichen höchsten Ränder dieses Gebirgsstockes liegt, von deren einem die Feste Wilzburg, von dem anderen die „Ludwigshöhe" herniederschauen. Unseren Weg nehmen wir auf der Dietfurter Landstraße, von welcher uns ein weiter Blick über viele reiche Dörfer des breiten Altmülthales und der Rezatebene gestattet ist. Zur Linken begleiten uns an den Berghöhen die westlichen Säume des Weißenburger Waldes, von der Rechten schauen die waldreichen Berge des Hahnenkammes herüber. Nachdem wir ein Stündchen gewandert, begegnet uns schon die erste Merkwürdigkeit, und zwar eine weltgeschichtliche. Dort unten zur Rechten erblicken wir in der Entfernung einer halben Stunde einen bedeutenden Graben, der mit Wasser gefüllt und zu beiden Seiten mit hohen Bäumen bewachsen ist. Es ist der Karlsgraben, Fossa Carolina, der berühmte Versuch, welchen Karl der Große unternahm, um eine Wasserstraße zur Verbindung des Rheines mit der Donau, des Abendlandes mit dem Morgenlande, herzustellen. Er mißlang. Karls weitschauender Geist war den beschränkten technischen Mitteln seiner Zeit vorausgeeilt. Aber großartig sprechen noch heute die

Ueberreste des Werkes zur Nachwelt. Der Theil des Canales, welcher als Anfang der großen Unternehmung bei dem Dorfe Graben hier noch vorhanden ist, erstreckt sich zwar nur auf 1500' in die Länge; aber die Breite beträgt 70 und die Wassertiefe auch heute noch 3 bis 4 Fuß. Die zu beiden Seiten aufgeworfenen Uferhügel erreichen über 100' Höhe.

Nachdem wir durch das Dorf Dettenheim geschritten, schaut uns ganz nahe rechts ein schön bewaldeter Berg näher entgegen, den wir schon auf dem ganzen Marsche im Auge gehabt. Es ist der Nagel= berg, der ganz frei in der Bucht des Altmülthales steht. Das Becken, welches die Altmül hier zwischen Dietfurt, Treuchtling, Graben, Det= tenheim und Schambach erzeugt hat, ist gleichsam eine merkwürdige Vorhalle zu der Thalbildung, welche sie in dem Gebirgsstocke selbst hervorbrachte. Hier floßen zu den mächtig andringenden Fluthen des Frankensees zur Zeit, als die Altmül den höheren Theil ihres Fluß= bettes bereits vollendet hatte, eine ungeheuere Masse Gewässers aus dem Büttelbrunner=, dem Möhrener= und dem Schambach= thale herbei, welche im gewaltigen Wirbel sich drehend, die jetzt iso= lirt stehenden Klumpen des Nagelberges, des Weinberges und des Weibsteines ausspülten und die losgerissenen Theile im Laufe der Jahrtausende durch das Altmülthal zur Ferne trugen.

Der Nagelberg ist gleichsam als Bote hier aufgestellt, um uns den ersten Gruß der Sagen zu bringen, die dort hinter den Berg= wänden und in den felsenreichen Thälern auf uns warten. In den Bergländern mit ihren einsamen Wäldern, Felsen, Höhlen und Schluch= ten wohnt ein poetischer Geist. Die geheimnißvolle Stille und Ruhe in dieser wunderbaren Welt mannichfaltiger Naturgestaltungen weckt und belebt ein tieferes Sinnen seiner Bewohner, und es erstehen Bil= der in der Phantasie, die in die Berge und Höhlen und in die Trüm= mer der veröbeten Burgen als lebendige Wesen einziehen.

„Um den Nagelberg ist eine goldene Kette gezogen, welcher einst von drei Schwestern bewohnt wurde. Andere sagen, die Kette sei so lang, daß sie zweimal um den Berg geschlungen werden könne; diese liege in der versunkenen Heidenburg. Bergleutchen kamen vom Nagel= berg herab in die Mühle und verrichteten Arbeiten, blieben aber aus, als sie der Müller und die Müllerin mit Kleidern beschenkte." (Panzer.)

Ehe wir nach zweistündigem Marsche zu dem Dorfe Scham= bach gelangen, welches an der Mündung eines gleich benannten Baches und hübschen Thales liegt, blinken uns rechts von ferne her die Häuser des gewerbthätigen Marktfleckens Treuchtling (nicht Treuchtlingen. Die Ein= und Anwohner, die ja nicht schwäbischen Stammes sind, sprechen nie anders als: Treuchtling) entgegen. Oberhalb desselben auf der Höhe sieht man nur noch wenige Reste der ehemaligen Burg. Hier wurde der berühmte Feldherr des dreißigjährigen Krieges, Heinrich Gottfried Graf Pappenheim am 29. März 1594 geboren. (Treucht= ling gehörte damals einer eigenen davon benannten Pappenheimischen Linie, die mit dessen einzigem Sohne Wolfgang Adam erlosch, der von einem Colloredo im Duelle erschossen wurde.)

Außerhalb Schambach führt uns die Straße den Berg empor zu dem Dorfe Osterdorf, hinter welchem wir auf der Flur an eine Römerstraße kommen, die nach Treuchtling führte. Auf derselben stand ein römischer Cippus (viereckige Säule mit Inschrift auf Begräbniß= plätzen oder an Straßen), der jetzt in die Kirche zu Osterdorf einge= mauert ist. Gleich hinter der Römerstraße gelangt man in den Wald und hinab durch ein Thal. Wenn man aus dem Gehölze hervortritt, wird man von dem Anblicke des äußerst reizend gelegenen Städtchens Pappenheim überrascht. Der mächtige Römerthurm auf dem Schloß= berge blickt mit stolzer Würde hernieder. Unten im Thale windet sich die Altmül zwischen dem großartigen neuen Schlosse und dessen Blu= men= und Gemüsegärten friedlich durch und wendet sich dann rechts, um das Städtchen östlich zu umfließen. Alle Höhen, die wir erblicken,

sind mit schönen Waldungen bewachsen und die Wiesen des Thales
erhöhen durch ihr freundliches Grün die Schönheit der Landschaft. Wir
nehmen unseren Weg nahe dem jüdischen Begräbnißplatze vorüber durch
die Vorstadt zur Altmülbrücke und in die Stadt. Pappenheim ist ein
ziemlich lebhafter Ort und von einem betriebsamen Völklein bewohnt.
Schon in einer Urkunde des Jahres 802 wird sein Name genannt. Es
ist der Wohnsitz der standesherrlichen Familie der Grafen von Pappen=
heim, eines uralten Geschlechtes, welches in grauer Vorzeit den Namen
Calatin führte, unbezweifelt seit dem Jahre 940 im Besitze von Pap=
penheim ist und schon unter den Ottonen die Würde der Reichsmar=
schalle bekleidete. Durch die goldene Bulle des Kaisers Karl IV. kam
dieses Reichsamt an die Churfürsten von Sachsen, und die Pappen=
heimer wurden deren Stellvertreter, — Reichserbmarschalle. Als solche
hatten sie, außer anderen Funktionen, bei der Kaiserkrönung das Ge=
schäft, mit einem silbernen Metzen und Streichmaß in einen Haufen
Haber zu reiten, ihn zu füllen und abzustreichen und dem Kaiser zu
überbringen. Der Metzen und das Streichmaß befinden sich sammt
dem Marschallsstabe noch im gräflichen Schlosse. Marschall Heinrich V.
vollzog 1206 die Reichsacht an dem geächteten Pfalzgrafen Otto von
Wittelsbach, der den Kaiser Philipp in Bamberg ermordet hatte.
Dafür übte Herzog Ludwig der Strenge noch 1269 schwere Rache an
den Pappenheimern. Wir können es uns nicht versagen, eines den
Grafen von Kaiser Karl IV. verliehenen Freibriefes hier zu erwähnen,
welcher den sonderbaren Sinn und Humor der deutschen Vorzeit so
eigenthümlich bezeichnet. Marschall Heinrich VIII. nämlich erhielt das
Asylrecht für seine Stadt Pappenheim in der Art, „daß er hier als
in einer Freistatt männiglich Manns= und Weibspersonen sicher Geleit
geben möge für alle Sachen, und was sie gethan, Jahr und Tag; —
und wenn das Jahr umbkömmt, so sollen sie aus der Stadt gehen
und über Nacht aus der Stadt bleiben, und wenn dieß geschieht, so
mag ihnen das vorgeschriebene Geleit wieder geben werden im vorge=

ſchriebenem Rechte." Dieſes Aſylrecht wurde in fünfthalbhundert Jahren oft benützt, und es werden manche ergötzliche Geſchichten von den gegenſeitigen Manövern der Flüchtlinge und ihrer Verfolger an ſo einem gefährlichen Tage erzählt. Das ehemalige Auguſtinerkloſter in Pappen= heim wurde von demſelben Grafen im J. 1372 geſtiftet. Der ältere Theil ſeiner Kirche iſt ein ſchönes Denkmal der mittelalterlichen Bau= kunſt. Dieſe Kirche enthält die ältere gräfliche Familiengruft. Da= neben befindet ſich in feſten Gewölben das Archiv des gräflichen Hauſes, deſſen wichtige hiſtoriſchen Schätze größtentheils noch immer vergraben liegen. In dem Kloſter wurde als Heiligthum ein Daumen des heil. Georg aufbewahrt, welcher ſich jetzt unter den Merkwürdigkeiten des Kapuzinerkloſters in Wien befindet. Zum Beſitze deſſelben kam in uralter Zeit ein Graf Pappenheim, und die Erwerbung deſſelben wird durch den Marſchall Matthäus in treuherziger und freimüthigſter Weiſe erzählt:

„Zu der Zeit, da die Ungarn, Hunnen und Abern (Avaren) mit groſſer macht herauf aus Ungarn und der Abern Land bis gar in Schwaben kamen an der Thonaw, da jetzund die ſtatt Lauingen liegt. Da zoch der römiſch Kayſer dem Feind mit groſſer macht entgegen. Man thedingt viel in der ſach, kam zuletzt darzu, daß man auf baider ſeiten einen man allein erwölen ſolte, dieſe zwen ſolten für meniglich kempfen, welcher auß jnen obleg, da ſolte der Sig beharren, und der Krieg beendet ſeyn. Da das beſchloſſen ward, nam der römiſch Kayſer und erwelet aus ſeinem Volk ain Herren von Calatin. Dieſer nam es mit freuden und guten willen an, rüſtet ſich und gedacht, wie Er dem Kayſer den Sig erhalten möchte, Land und Leut erlöſet. Dieweil nun der von Calatin an einem Orte allain umbging, gedacht der Sachen ernſtlich nach, So begegnet jme ain man, der ſprach, Was gedenkſt Du hie mit Dir ſelbs? Ich ſag Dir Du würſt nit Kempfen für den Kayſer, ſondern ein Schumacher von Henffweil (welches jetzund die Statt Laugingen iſt) und der wird im inwaffen und ſeiner weer

den Sig erhalten. Darauff sagt der von Calatin, wer bistu? wie?
solte ich meinem Herren, dem Kaiser disen Kampff nit thun? Das
kem mir zu spott, und ewiger schandt, man würde vielleicht sagen, Es
wer mein verzagt gemüt ain ursach, und niemandt würde mir anders
glauben. Darauff sagt der unbekannt man, Ich bin der Ritter Sant
Jörg, nim hin zur Zeugniß disen Daumen. In dem nam Er von
seiner rechten Hand den Daumen und gab jn den Herrn von Calatin.
Darauf ging der von Calatin zum Kayser, zaigt jm alle handlung
an, was sich begeben hat. Da begab sich, daß ain Schumacher kempfet
und erhielt den Sig. Da gab im der Kayser drey Wahl, zu begeren,
was er wolt, das wolt Er jm gewern. Darauf begert der Schu=
macher erstlich für die gemain ein Wißmad bei der Statt zur viech=
wayd. Zum andern, daß die Statt mit Roth Siglen möchte, zum
dritten, daß die von Calatin auff dem Helm ein Möörin mit einer
Cron zum kleinod füren möchten, als denn die Marschälle noch haben
also. Diese Historiam beschreibt Bruder Felix, ein Predigermünch,
hab sonst niendert gelesen, Ich laß ainem Jeden sein urtheil, ich wills
nit verwerffen, noch war haißen, laß gleich in seinem verbleiben."

Die Erbmarschälle zu Pappenheim waren auch erbliche Reichsforst=
und Jägermeister im Nordgau, welche Würde ihnen von Kaiser
Friedrich III. im J. 1474 bestätigt warb. Als die Grafen ihre Burg
auf dem Schloßberge verlassen hatten, bewohnten sie das jetzige alte
Schloß östlich von der Stadt an der Altmül. Es hat einen hübschen
Garten längs des Flußufers und im Gebäude selbst befinden sich jetzt
die gräflichen Kanzleien. Das neue Schloß, ein Werk Leo von Klenze's,
wurde in den Jahren 1819 — 1822 erbaut und ist jetzt der Wohnsitz
der gräflichen Familie.

Wenn man den Schloßberg besucht, so geschieht es hauptsächlich
des Römerthurmes und der Aussicht wegen. Dieser ganz unversehrte
Thurm, der bereits anderthalb Jahrtausende auf dieser Höhe den Ele=
menten trotzt, ist ein erhabenes Beispiel von der unverwüstlichen Festigkeit,

womit diese hochgesinnten Weltbezwinger ihre Bauwerke führten. Keine Fuge ist an diesem 94' hohen und 39' breiten Vierecke beschädigt, ja es scheint zu einer einzigen Steinmasse zusammengewachsen. Der Thurm ist mit einer hölzernen Stiege versehen und gut zu besteigen. Die Aussicht von seiner Höhe auf die Stadt, die beiden Thäler und die Wälder ist wunderschön und belohnt reichlich die angewendete Anstren= gung. In einem nun niedergerissenen Theile des Bergschlosses wurden in den zwei ersten Decennien dieses Jahrhunderts öfters Logenver= sammlungen von Freimaurern gehalten, worüber in der Nachbarschaft mancherlei seltsame Gerüchte gingen. Zu den Wahrzeichen Pappen= heims gehört der Nußbaum und der Dachsbau, zwei Schenklocale, wo gutes Bier zu finden ist.

Auf dem Berge, die alte Burg genannt, westlich von dem Schloß= berge, lag bedeutend höher in alter Zeit das Schloß Jagshofen, von dem man noch geringe Ruinen sieht. Das Volk erzählt sich da= von eine schöne Sage, und die Schlüsseljungfrau, die Hauptperson derselben, wollen noch Manche zu gewissen Zeiten gesehen haben. Der Schauplatz dieser Sage ist ein dreifacher, der letzte das Schloß Jagshofen.

„Auf dem Schlosse zu Möhren (zwei Stunden von Pappen= heim) lebte ein sehr vornehmer und reicher Ritter, Heinz genannt, welcher eine einzige Tochter hatte, Arngart, schön und liebenswürdig. Deßhalb fanden sich die vornehmsten Ritter aus den entferntesten Ge= genden ein und warben um ihre Hand. Da sie aber entschlossen war, nie zu heiraten, der vielen Freier aber nicht los werden konnte, so ließ sie sich einen goldenen Schlüssel machen, welchen sie aber in ihrem Schlafgemache auf's sorgfältigste verwahrte und dann bestimmte, daß nur der Ritter, welcher ihr diesen Schlüssel bringen würde, sie zur Gattin erhalten sollte. Sie erbaute sich auch nach dem Tode ihres Vaters unweit Pappenheim gegen Dietfurt hin im Walde ein zweites Schloß und brachte ihre Reichthümer dahin. Unter den vielen Rittern, welche sich alle erdenkliche Mühe gaben, den goldenen Schlüssel zu erhalten, war aber keiner so glücklich, als Ritter Kunz von Absberg, ein sehr wilder und ausgelassener Tyrann ohne Sitten und Religion. Dieser bestach das Kammermädchen und gab ihr ein betäubendes Pulver, das er ihr in Wein aufzulösen und in den Schlaftrunk des Fräuleins zu gießen befahl. Der Trank brachte einen so festen Schlaf bei dem Fräulein hervor, daß Kunz in ihr Schlafgemach kommen und den goldenen Schlüssel rauben konnte. Als nun Fräulein Armgart aus dem Schlafe erwacht war, kam ein Knappe mit der Nachricht, Ritter Kunz von Absberg sei vor der Burg und verlange eingelassen zu wer= den, um dem Fräulein ihren goldenen Schlüssel zu überbringen. Das Fräulein lachte Anfangs darüber, als sie sich aber davon überzeugte, ermordete sie sich durch einen Dolchstich. Ritter Kunz, der sich schon im Besitze des Fräuleins glaubte, war ganz außer sich über den miß= lungenen Plan, schwur dem ganzen weiblichen Geschlechte ewige Rache und blieb unverheiratet, war aber der größte Wütherich seiner Zeit. Nun hatte er noch eine Burg auf dem sogenannten Schloßberg bei Heideck. Dort pflegte er sich öfter aufzuhalten. Einst sagte ihm ein Knappe, daß eine weibliche Gestalt sich schon öfters Nachts im Schlosse habe sehen lassen, welche die Gestalt des Fräuleins Armgart habe und in der rechten Hand einen goldenen Schlüssel, in der linken einen blutigen Dolch halte. Ha, rief ganz verwegen Ritter Kunz, will mich die Dirne noch nach ihrem Tode verfolgen? Sie soll heute Abends mit mir essen. Er schwang sich auf sein Roß und ritt in den nahen Wald. Bald aber ergriff ihn Bangigkeit; er ritt zurück in seine Burg. Als er dort ankam, stand ihm ein großer Hund im Wege, welcher ihm, trotz aller Anstrengung, den Eingang in die Burg unmög= lich machte, so daß er sich gezwungen sah, vom Pferde zu steigen, um durch eine kleine Pforte in's Schloß zu gelangen. Voll Schrecken trat er hinein, wo in dem Speisesaal für zwei Personen gedeckt war. Sein Diener sagte, eine sehr vornehme Dame habe sich zum Abendessen

ansagen lassen, aber erst mit dem ersten Hahnenschrei werde sie erschei=
nen. Kunz ahnte nichts Gutes; ganz bestürzt verlangte er, in seinem
Leben zum erstenmal, den frommen Priester Hugobert in dem benach=
barten Städtchen Heideck zu holen, welcher wegen seiner Frömmigkeit
Geister besprechen und bannen konnte. Der Knappe mußte zwei Pferde
satteln und in der Nacht nach Heideck reiten, um den Priester zu holen.
Dieser, nicht wenig verwundert über die plötzliche Sinnesänderung des
Ritters, machte sich eiligst mit dem Schloßknappen auf den Weg.
Als sie den halben Weg zurückgelegt hatten, kam ihnen ein vermumm=
ter Reiter nach, der sie bald einholte und schnell vorausritt. Er saß
auf einem kohlschwarzen Rappen und hatte einen großen schwarzen
Hund bei sich, dem Feuerfunken aus Nase und Augen sprühten. Hu=
gobert bekreuzte sich und der Knappe sprach ein stilles Gebet. Als sie
an der Burg ankamen, wurde dem frommen Priester ebenfalls von
dem Hunde der Eingang verwehrt. Allein er sprach einige Worte, da
wich der Hund zurück. Hugobert ging in die Burg und fand den
Ritter Kunz in der größten Bestürzung. Kaum hatte der Priester sein
Verlangen vernommen, so krähte der Hahn, und ein goldener Wagen
hielt vor dem Burgthor. Eine mit Gold und Edelsteinen geschmückte
Dame stieg aus und lud sich zum Abendessen, obwohl es schon Mitter=
nacht war. Kunz war voll Bangen, Hugobert aber, ganz gelassen, redete
sie an und beschwor sie im Namen Gottes. Sogleich entfiel ihr der
ganze Schmuck und wurde zu lauter glühenden Kohlen. Sie verschwand
in der Gestalt eines Todtengerippes unter Aechzen und Stöhnen und
ließ nichts zurück als einen goldenen Schlüssel und einen Dolch, auf
welchem mit Blut geschrieben der Name Arngart stand. Kunz ging
in's Kloster und endete unter steten Bußübungen seine Tage.“

„Die Schlüsseljungfrau aber hatte noch keine Ruhe, obgleich Kunz
beständig Seelenmessen für sie lesen ließ, sondern spukte auf der alten
Burg zwischen Pappenheim und Dietfurt. Dort zeigte sie sich einmal
einem Hirtenknaben, welchem sie eröffnete, wenn er sie erlösen würde,

sollte er an einem bestimmten Orte, wo die Burg stand, einen großen
Schatz erhalten, der in einer eisernen Truhe verwahrt sei. Sie zeigte
ihm einen goldenen Schlüssel, welchen sie im Munde trug; diesen sollte
er erhalten und damit die Truhe öffnen. Sie trieb es mit dem Kna=
ben zwei Jahre, bis er sich endlich zu dem Werke bewegen ließ. Sie
sagte ihm, sie werde an dem dazu bestimmten Tage nicht in ihrer
gewöhnlichen Gestalt, sondern als ein brennender Bund Stroh erschei=
nen; er solle sich nur durch nichts schrecken lassen. So geschah es
auch. Als der Junge ganz beherzt, wie sie es ihm befohlen hatte,
auf sie zuging, um sie zu umarmen, rief dessen Mutter, die in einiger
Entfernung stand: Herr Jesus, mein Kind! Und unter lautem Weh=
klagen verschwand die Erscheinung. Der Knabe aber war am ganzen
Leibe verbrannt und starb nach einigen Tagen. (Panzer.)

Nachdem wir uns in Pappenheim mit einem kräftigen Mittags=
mahle und gutem Gerstensafte gestärkt, der in diesem Städtchen in
vorzüglicher Qualität zu finden ist, machen wir uns wieder auf den
Weg, um die Stunden des Nachmittags zu dem höchst interessanten
Besuche der Solnhofer Schieferbrüche zu verwenden. Wir haben die
Wahl zwischen zwei Wegen, den einen über das Dorf Ueberme tz=
hofen gleich den Berg hinan, den andern über Zimmern durch
das Altmülthal nach Solnhofen. Uebermetzhofen könnte uns wohl
verlocken, da auf einem Felsenvorsprunge oberhalb desselben ein alt=
deutscher Opferstein (Druidenstein) mit Blutrinne und Druidendreieck
zu sehen wäre; aber wir ziehen den Weg über Zimmern vor, der sich
so freundlich am linken Flußufer hinwindet. Denn das Altmülthal,
welches ein Stündchen oberhalb Pappenheim bei dem Dorfe Dietfurt
zwischen hohen Felsenmassen gleichsam durch eine Pforte in den Gebirgs=
stock eindringt, ist, besonders in dieser Gegend, meistentheils auf seinen
oberen Rändern mit schönen Waldsäumen bekränzt, die sich oft an die
Hänge tief herab, manchmal bis an den Thalgrund erstrecken. Da
zugleich an dem Flusse üppige Wiesen gebreitet liegen, so erhält das

Thal eine frische liebliche Anmuth, welche die Durchwanderung desselben außerordentlich einladend macht.

Solnhofen.

Von Zimmern gelangen wir in einer kleinen Stunde nach Soln=
hofen, jenem weit bekannten Orte, dessen ganz ländlichen Charakter
der häufige Besuch von Fremden und die fernen Reisen vieler seiner

Riedenburg.

Bewohner noch in keiner Weise verändert haben. Es hat seinen Namen von dem heil. Sola, einem der ersten Verkünder des Christenthums in dieser Gegend. Er war ein Schüler des hl. Bonifacius und wirkte hier in der zweiten Hälfte des achten Jahrhunderts. Seine erste Woh= nung hatte er in einer Höhle auf dem Käpeleinsberge, südlich vom Orte. Der Eingang zu ihr ist sehr verschüttet, ihre Länge etwa 16 Schritte, die Höhe die eines gewöhnlichen Mannes. An den Wän= den sieht man Spuren von Sitzen und einem Ruhelager in Stein gehauen. Durch ein paar Spalten fällt spärlich Licht in den Raum. Oberhalb der Höhle stand früher eine kleine Kapelle, woher des Berges Name. Später, im Jahre 767, gründete Sola am Fuße des Berges ein Kloster, welches allmälig zu einer berühmten Benediktinerabtei anwuchs. Er übergab seine Stiftung der Abtei Fulda zum Eigen= thume, und im 12. und 13. Jahrhundert nahmen die Aebte dieses Stiftes sehr oft und lange hier ihren Aufenthalt. Schirmvögte des Klosters waren die Grafen von Truhendingen und nach deren Erlöschen die Burggrafen von Nürnberg, von welchen es auch im J. 1534 säcu= larisirt wurde. Von der Kirche und den Gebäuden desselben steht nichts mehr als an die jetzige Pfarrkirche anstoßend eine von schönen romanischen Säulen getragene Arkade mit der gemauerten Tumba des hl. Sola. Von seinen Gebeinen fand sich bei Eröffnung derselben nichts. Unter dem Landvolke der Gegend wird allerlei Unbestimmtes von eigenen Thürmen erzählt, welche Sola an verschiedenen Plätzen zur Erhaltung seiner Sicherheit mittels Signale gehabt haben soll. In der That stand ein Thurm, der Solathurm genannt, bei dem Schlosse Jagshofen oberhalb der alten Burg bei Pappenheim und ist auf der Homannischen Karte der Grafschaft Pappenheim als solcher bezeichnet.

Um nunmehr zu den Steinbrüchen zu gelangen, müssen wir uns zur Ersteigung eines ziemlich steilen Berges bequemen. Wir begeben uns zuerst zu dem alten Solnhofer Bruche auf der Hart, der zwar in Bezug auf Lithographiesteine meistens ausgebeutet, aber in Anlage und Ausdehnung wahrhaft großartig und zur Bearbeitung anderer Schieferforten noch immer sehr belebt ist. Er dehnt sich weit in die Länge und hat nach dieser Richtung hin eine Gasse, an deren beiden Seiten eine große Menge steinerner Hütten stehen, in welchen durch Hunderte von Arbeitern die Steine zu verschiedenen Zwecken zurecht gemacht werden. Hinter den Hütten der rechten Seite befinden sich die hohen Schutthalden, hinter denen der linken der weitgedehnte Schieferbruch. Jeder gemeindeberechtigte Einwohner von Solnhofen hat einen Antheil daran in der Breite von 12 Fuß. Die Länge desselben geht bis an die Gränze des Gemeindeeigenthumes, die Tiefe bedingt sich durch das Vorhandensein des Schiefers. Größere werthvolle Steinplatten, welche in zwei Antheile hineinreichen, werden von eigenen Schiedsmännern für den beiderseitigen Antheil abgeschätzt. Außerhalb des Gemeindebruches kann Jedermann nach Belieben auf seinem Eigenthume Brüche eröffnen und bearbeiten. Die Dicke der Schiefersteine ist sehr verschieden; man findet sie so dünn wie feine Messerrücken bis zur Stärke von 8 Zoll und darüber. Auch die Farbe ist verschieden, weißlich, gelblich, röthlich, blaßgrau und bläulich. Nach der Dicke und dem Korne bestimmt sich ihre Verwendung. Von den Lithographiesteinen werden am meisten die bläulichen und die röthlichen geschätzt.

Wenn man in den großen Schieferbruch eintritt, wird Auge und Ohr in gleichem Maße angenehm überrascht. Die hohen Wände der tausendfach über einander gelagerten Schieferschichten, welche hier bis tief in den Grund bloß gelegt und hie und da zu frei stehenden Pfeilern gestaltet sind, gewähren einen sonderbaren und erfreulichen Anblick. Dazu erzeugen die kleinen Hämmerchen der Arbeiter, mit langen dünnen Stielen versehen, mittels deren die Steine bearbeitet und geprüft werden, einen gar freundlichen, melodischen Klang, den man allenthalben von nahe und ferne im Steinbruche ertönen hört. Was schlecht klingt, wird als unnütz zum Schutte geworfen. Dieses Getön der

Platten, das Geräusch beim Schleifen der Steine, das man aus den Hütten vernimmt, das Klopfen und Brechen an den Schiefern, das Rollen der Schubkarren, das Hinabschütten des Schuttes an der Halde und mancherlei andere Laute der Arbeit gewähren ein äußerst lebendiges Bild der Rührigkeit, mit welcher hier das Tagwerk vollbracht wird. Wenn man in eine der größeren Hütten tritt, kann man die Art und Weise kennen lernen, wie mit meist einfachen Vorrichtungen die Aus= beute des Steinbruches zu verschiedenem Zwecke und Gebrauche verar= beitet wird. Was nicht Lithographiestein ist, wird zu Tischplatten, Fenstersimsen, Ofensteinen, zum Belegen von Fußböden in Kirchen, Sälen, Gängen, Pavillons 2c. zu Grabsteinen, Briefbeschwerern und manchen anderen Gegenständen zurecht gemacht. Die größten Platten sondert man für Spiegelfabriken zu Unterlagen aus. Aus den dünnern Schiefern werden zu Hausbedachungen zahllose „Zwicktaschen" oder „Weitenhiller" in der Form von Dachziegeln gefertigt. In anderen Lokalen wird vielen der besseren Platten durch Einätzen von allerlei Zeichnungen eine edlere Gestalt für Salons= und Zimmermöbel gege= ben. Diese Gegenstände alle, sowohl in den Hütten selbst als um dieselben in Stößen aufgeschichtet oder in Reihen neben einander gestellt, erscheinen als ein erfreulicher Vorrath, welcher bestimmt ist, zu Land und zu Wasser nach weit entfernten Gegenden zu wandern und dort vielen Menschen Nutzen und Vergnügen zu schaffen. Wir gehen durch den Steinbruch bis an's Ende, um dann links auf seine Höhe zu ge= langen und ihn von oben mit einem Blicke zu überschauen. Dieses Gesammtbild ist besonders großartig.

Eine alte Sage erzählt die Entdeckung des Gebrauches dieser Schiefersteine und ihrer ersten Verwendung zu Fußböden in folgender Weise: Ein Hirtenknabe, der Sohn einer armen Wittwe zu Solnhofen, spielte bei seinem langweiligen Geschäfte öfters mit herumliegenden Schiefersteinen, und da er sie aneinander rieb, fand er, daß man sie sehr glatt machen könne. Der Bube war ein denkender Kopf. Darum

nahm er Sand, um das Reiben und Glätten zu befördern, und sieh,
die Steine wurden ganz blank und fein. Nun galt es, denselben eine
passende Form zu geben. Auch dieß gelang ihm mit einem vom Hause
mitgenommenen Hämmerchen nach vielen Versuchen. Er brachte es
dahin, die Schiefer in beliebige Gestalt zu formen. Nachdem er seiner
Sache gewiß geworden, belegte er den Boden des kleinen Wohnstübchens
mit den neuen sauberen Platten, und seine Mutter ließ ihn frei gewäh=
ren. Zur selben Zeit war in dem benachbarten Eichstätt die Domkirche
neu gebaut worden, und man berieth sich daselbst, wie und mit wel=
chem Material der Boden derselben belegt werden sollte. Davon hörte
der Hirtenknabe. Da belud er eines Tages einen Schubkarren mit
mehreren Mustern seiner neuen Erfindung und erschien damit vor dem
Bischofe und den Bauherrn der Nachbarstadt. Sein Antrag mit den
schönen Steinen erregte Beifall und Freude. Die Kirche erhielt ihr
Bodenpflaster durch Schieferplatten und der Knabe seine verdiente Be=
lohnung. Der neue Gebrauch aber verbreitete sich nach allen Seiten
und fand nicht bloß für Kirchen, sondern für allerlei andere Zwecke
Anwendung.

Von dem alten großen Steinbruche kommt man auf einem Schlan=
genpfade durch Gebüsche zu dem S ch w a r z b r u ch e, wo sich im Klei=
nen dieselben Arbeitscenen wiederholen wie dort. Wir säumen nicht,
in oder neben dem Garten des Wohnhauses an den Rand des Alt=
mülthales vorzutreten. Welch' überraschender, wunderbar schöner An=
blick! Vor den Füßen tief unten, wie aus der Vogelperspective gesehen,
das hübsche, ländliche Solnhofen und vor und hinter ihm das reizende
Thal, über den dunklen Wäldern dort der mächtige Römerthurm von
Pappenheim und hoch über dem Saum des Gehölzes die vier Stun=
den entfernte Wilzburg mit ihren Bollwerken. Es ist keine weite Aus=
sicht, es sind keine zum Himmel ansteigenden Bergwände, die wir vor
uns haben, — wir sehen in die Tiefe, heben dann wenig die Blicke;
aber wir schauen ein herrliches Bildchen in einem köstlichen Rahmen,

das vielleicht nicht dem Pinsel des Malers, aber dem Gefühle des
Herzens paßt. Wir trennen uns schwer von diesem schönen Anblicke und
nehmen wieder durch Wald und Gebüsche unseren Weg zu dem M a x =
bruche. Wenn uns in dem Schieferbruche von Solnhofen das alte
Gepräge des Arbeitsbetriebes begegnet, so sehen wir hier die Mittel
der neueren Technik angewendet. Es weht ein anderer Geist, es regt
sich eine andere Zeit. Hier ist ein großartiges Etablissement einer
Aktiengesellschaft, in welchem vorzüglich auf Lithographiesteine das
Augenmerk gerichtet ist; und deren ist hier ein erstaunlicher Vorrath
zu sehen. Die Wohn = und Arbeitshäuser nebst den Magazingebäuden
gewähren einen bedeutenden Anblick.

Vom Maxbruche führt uns der Weg zu den Steinbrüchen von
Mörnsheim. Sie zeigen uns die gleichen Erscheinungen und Arbeiten,
wie die vorigen sie boten. Es ist nur zu bemerken, daß diese Brüche
noch immer sehr reich an Lithographiesteinen sind und dabei eine Menge
anderer Schieferprodukte liefern. Von der Höhe derselben erblickt man
bereits die Reste der B u r g M ö r n s h e i m, malerisch auf einem steilen
Felsen gelagert, unten im Thale den Flecken Mörnsheim. Den Stein=
brüchen gegenüber sieht man jenseits eines schmalen Seitenthales ein
langes Gewände altergrauen Gesteines. Dieß sind die Schutthalden
des alten Mörnsheimer Steinbruches, der unmittelbar daran liegt.
Weiter hinten erblicken wir die Schieferbrüche von M ü h l h e i m mit
ihren Schutthaufen. Wer Interesse daran hat, die gesammten Schie=
ferbrüche der Solnhofer Gegend kennen zu lernen, den machen wir
darauf aufmerksam, daß er sich zu diesem Zwecke auch in die Nähe
von L a n g e n a l t h e i m, in das Apfelthal und auf die Berghöhen von
Mühlheim zu begeben hat. Diese Tour wird er am besten von dem
Solnhofer Hauptbruche nach Langenaltheim und von dessen Stein=
brüchen nach den beiden anderen Punkten bewerkstelligen. Es ist ein
Weg von etwa 2 Stunden.

Mörnsheim, zu welchem wir niedersteigen, ist wie ein echter

Gebirgsort in ein schmales Thal eingezwängt, durchflossen von einem klaren Forellenbach, der mehrere Mühlen treibt. Es liegt hart unter dem Burgfelsen und einige Häuser sind gefährlich unter denselben hin= eingeschmiegt. Die Burg scheint bis in's 13. Jahrhundert der Sitz einer Adelsfamilie gleichen Namens gewesen zu sein. Wie und wann Mörnsheim an das Hochstift Eichstätt kam, ist unbekannt. Es war der Sitz eines Pfleg = und Kastenamtes. Die Pfarrkirche ist vom Jahre 1226. Marktrecht und Halsgericht erhielt Mörnsheim vom Kaiser Karl IV. 1354. Es ist der Geburtsort eines der trefflichsten Eich= stättischen Bischöfe, des Martin von Eib (1697 — 1704), welcher der größte Wohlthäter Eichstätts war. Die Burg war schon in der zwei= ten Hälfte des vorigen Jahrhunderts Ruine.

Von Mörnsheim nehmen wir die Richtung zum Altmülthale, in welches das Thal dieses Ortes einmündet. Wir haben uns kaum ein paar hundert Schritte entfernt, so schaut von ziemlich bedeutender Höhe zur Rechten ein Einödehof zu uns hernieder. Es ist der Hof Wilb= bad, wo eine schöne klare Quelle aus dem Berge hervorsprudelt, welche in ein wohlgemauertes Becken, rückwärts mit einem Gewölbe, gefaßt ist. Diese feste und hübsche Umfassung, die bei unseren Land= leuten nie gebräuchlich war, sowie die Grundmauern eines stark fun= dirten Gebäudes, auf die man vor etwa 20 Jahren stieß, unterstützen die Tradition, daß hier ein römisches Badhaus stand. Noch im 17. und 18. Jahrhundert wurde das Wasser der Quelle bei Krankheiten benützt, und der Pfalzneuburgische Hof= und Stadtmedicus Schmutz von Poyßdorf schrieb im J. 1674 eine eigene Monographie darüber. Das Wasser derselben gelangt nicht zu Thale, sondern wird in vielen kleinen Rinnsalen durch das anliegende Wiesengelände vertheilt und erzeugt den reichlichsten Graswuchs.

Das kleine Dörfchen dort links ist Altendorf, meistens von Fischern bewohnt. Hier hat man Aussicht, manchmal gute Forellen zu bekommen. Zur Rechten sehen wir auf einer Anhöhe eine kleine

Kirche, welche der Jungfrau Maria geweiht ist. Sie ist ein Wall=
fahrtsort und ein eigener Priester besorgt den Gottesdienst. Es befin=
den sich in derselben ein paar altdeutsche Kunstwerke, aber nicht von
sonderlichem Werthe, und Grabmäler von Mitgliedern der gräflich
Pappenheimischen Familie. Wenn man auf dem Hügel vor der Kirche
um sich schaut, hat man den erfreulichen Anblick einer echten Gebirgs=
landschaft, in welche von dem Geiste moderner Unruhe noch nichts
gedrungen ist. Ueberhaupt ist man hier, wie schon in Pappenheim,
Solnhofen und Mörnsheim gleichsam von der übrigen Welt geschieden,
zwischen Bergwänden, Felsen und Wäldern in enge wiesenreiche Thäler
eingeschlossen und der Charakter dieses Naturfriedens wird uns auf
der Wanderung noch lange begleiten. Allein binnen kurzer Zeit wird
es auch hier mit demselben zu Ende sein, wenn die Eisenbahn, deren
Bau bereits begonnen ist, dieselben durchziehen wird. Die Berg=
wand am linken Altmülufer, welche wir uns gegenüber erblicken, gehört
dem Kruspelberge an, von welchem oben die Rede war. Durch diesen
wird ein Tunnel nach dem Thale von Eßling gesprengt.

Außerhalb Altendorf führt uns der Weg eine kurze Strecke lang
rechts einen Fuhrweg hinauf. Hier haben wir acht, nicht einen Fuß=
steig zu übersehen, der uns zur Linken empfängt, und uns durch Ge=
büsch und Wald in wohlthätigem Schatten auf die Höhe von Hagen=
acker bringt. Wir vernehmen dumpfe Schläge aus dem Thale herauf.
Sie ertönen von dem Hammerwerke, zu dem wir ohne Beschwerde
hinabsteigen. Gehört es auch nicht zu den großartigen, so ist es doch
ergötzlich, die immer interessante Arbeit und die rüstigen berußten
Männer zu sehen, die ihr obliegen. Sollte ein Durst zu befriedigen
sein, so wird bei dem Hutmann des Werkes in dessen Gartenlaube
dem Bedürfniß mit gutem Biere abgeholfen werden. Wir haben nur
noch eine halbe Stunde nach Dolnstein und nehmen unsern Weg am
rechten Altmülufer. Wir kommen an schönen Felsenwänden vorüber
und jenseits des Flusses erblicken wir ein Felsenthor, welches die Natur

burch anſehnliche Dolomitkoloſſe gebrochen hat. Unten am Fuße der=
ſelben befindet ſich eine Höhle, die des Waſſers wegen nicht immer
zugänglich iſt.

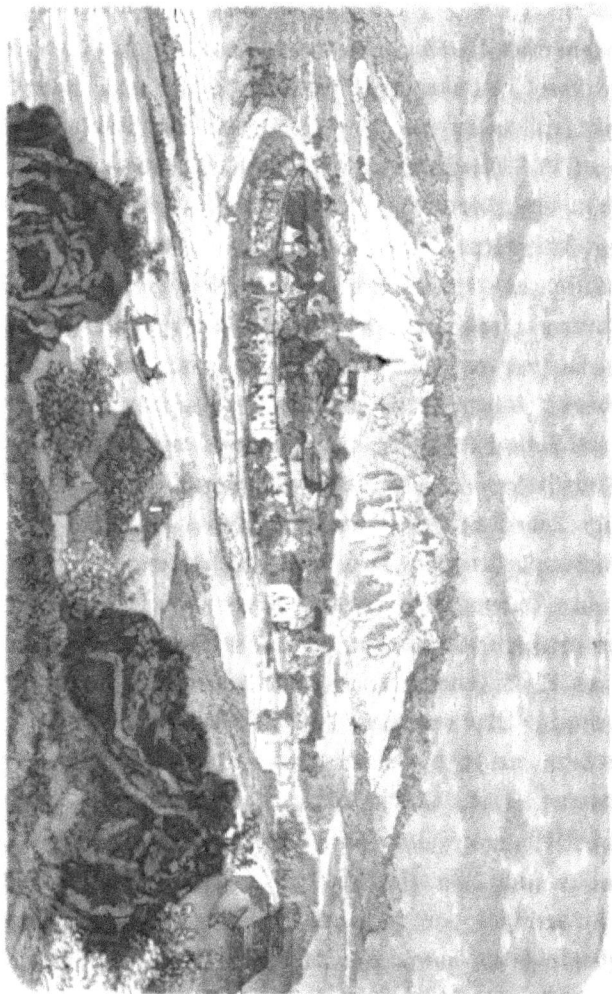

Dolnſtein, ein kleiner ſehr ländlicher Marktflecken, hatte inner=
halb ſeiner Mauern noch vor fünfzig Jahren eine ſehr maleriſche Burg

auf dem Felsen, welcher gegenwärtig nur mehr Spuren von deren
Mauerwerk trägt. Gegen Osten zeigt sich Gemäuer von Römerhand,
ein Beweis, daß dieses Volk hier einen festen Sitz hatte. Eine ihrer
Straßen ging an dem Felsen vorbei. Sie führte von Raffenfels nach
Treuchtling. Dolnstein, in alten Urkunden Tolenstein und Tollen-
stein *) (Stein, d. i. Burg), ist ein uralter Ort, dessen schon eine
Regensburger Urkunde des Kaisers Heinrich II. vom 15. April 1007
erwähnt. Ein Ernst von Tolenstein starb 924. Das Geschlecht der
nachmaligen Grafen von Hirschberg hatte hier wahrscheinlich seinen
früheren Sitz. Es war allmälig im Besitze der Grafen von Oettingen,
an die es nach dem Erlöschen der Hirschberger durch Erbschaft kam,
dann der Grafen von Heideck, zuletzt der Rechbergischen Familie, von
welcher es 1440 an das Hochstift Eichstätt verkauft wurde. In den
ältesten Zeiten scheint es eine Stadt gewesen zu sein, die sich eines
blühenden Handels zu erfreuen hatte. Wolfram von Eschenbach, der
im Anfange des 13. Jahrhunderts sang, erwähnt in seinem Parcival
der übermüthigen Kauffrauen von Tolenstein, die öfters, wie es scheint,
mit Harnischen gerüstet, zur Faschingszeit sich kämpfend herumtummel-
ten. Die Stelle Vers 12204 — 12214 lautet:

„Diu küneginne riche
streit da ritterliche,
bi Gawan sie werliche schein,
daß diu koufwip ze Tolenstein
an der vasnacht nie baz gestriten:
wan sie tuens von gampelsiten
unde müent an not ir lip.
zwa harnaschramel wird ein Wip,
diu hat ir rehts vergezzen,
sol man ir kiusche mezzen,
sine tuoz dan durch ir triutwe."

_____

*) Der Genitiv tollun des Namens Tollunstein in den Mon. boic.
läßt nur die Ableitung zu von tuolla, kleines Thal, woraus sich ergibt:
Stein, d. i. Burg des kleinen Thales, Burg im kleinen Thale.

Dieß heißt in heutiger Sprache: Die herrliche Königin (Antikonie) stritt da ritterlich, bei Gawan (einem Ritter) schien sie wahrlich, daß die Kauf= weiber zu Tolenstein an der Faßnacht nie besser gestritten, da sie es doch thun aus Narrensitten und sich ohne Noth quälen. So wie ein Weib durch Harnischrost beschmutzt wird, die hat ihres Rechts ver= gessen, so man ihre Züchtigkeit bemessen soll, außer sie thue es ihrer Treue wegen.

Auf der Burg herrschte eine sonderbare alte Sitte. Wer das erste= mal in dieselbe kam, war gehalten, ein Scheit Holz mit über die Schneckenstiege hinaufzutragen. Selbst vornehme Gäste fügten sich die= sem Gebrauche, z. B. Philipp Ludwig, Herzog von Neuburg, nebst seinem Gefolge und ein andermal der Fürstbischof von Eichstätt Mark= wart Schenk von Kastell sammt seinen Domherren und Cavalieren.

In einer alten Ehehaftsordnung Dolnsteins kommt die bemerkens= werthe Stelle vor: „Der Mayer soll mer warten stättigs unseren Herrn mit einem halben Wagen und mit zwei Pferden, also das die Deixel auswärts stehe, wen unser Herr raisen muß oder will, es sei auffwärts oder abwärts (hin oder zurück) in das Land zwischen den vier Wäldern." (Diese vier Wälder, ein in alter Zeit öfter vorkommender Ausdruck, waren: Der Thüringer=, Böhmer= und Schwarzwald und das Alpengebirg.)

In Bundschuh's Lexikon von Franken wird einer Quelle erwähnt, die am Fuße des Schloßfelsens hervorsprudle und Glaubersalz führe. Von ihr ist keine Spur mehr zu finden und keine Kunde zu erfragen. Unter der Herrschaft des Hochstifts saß auf dem Schlosse wie in Mörns= heim ein Pfleger. Von der Zeit an aber, als die Pflegämter beider Burgen vereint und den fürstlichen Hofmarschällen übergeben wurden, welche ihr Dienst an die Hofhaltung fesselte, wurden die Schlösser nicht mehr besucht und verfielen immer mehr. Doch ist ihr so schneller und gänzlicher Ruin, wie überhaupt der Verfall solcher Gebäude der Vor= zeit, mehr der Raubgier und dem Eigennutze der Einwohner zuzuschrei= ben, welche zu ihren Baureparaturen und Scheunen das Material heimlich und öffentlich holten, als der Verlassenheit und der Macht der Elemente auf Rechnung zu setzen. Die Burg Dolnstein wenigstens stand vor 50 Jahren noch aufrecht und war eine Zierde der Landschaft.

„Der letzte Pfleger, der noch auf der Burg wohnte, sah öfters von seinem Fenster aus in der Altmül „badende Mooswcibchen", die graue Haare hatten, welche beinahe den ganzen Körper bedeckten. Sie plätscherten lustig hin und her im Wasser, versammelten sich unter einem Erlengeſträuche und ſangen gar lieblich. Aus der Ferne durfte man sie beobachten, so wie man aber ihnen näher kam, tauchten sie unter und verſchwanden. Ihr Gesang aber bedeutete nichts Gutes; denn bald darauf foderte die Altmül ein Opfer."

Die Pfarrkirche Dolnſteins ist ein ſehr altes Gebäude, aber aus dem Bauſtyle zweier Perioden zuſammengeſetzt. Das einſchiffige Lang= haus ist romanisch, der Chor gothisch. Auf jener Seite des Thales, wo der Weg über den Mühlberg nach Obereichſtätt hinanführt, ſtehen schöne koloſſale Felſengebilde, in welchen die Phantaſie ohne Anſtren= gung verſchiedene Geſtalten erkennen kann. Es ist zu verwundern, daß über sie keine Sagen vorhanden ſind.

Wir begeben uns am linken Ufer des Fluſſes nach Breitenfurt (Breitenfahrt). Auf dem Wege dahin rückt uns immer näher eine großartige Felſengruppe, welche von dem Berge an den Wieſengrund hervortritt. Es ist der Burgſtein, der mit allerlei wunderlichen Spitzen und Zacken gegen Himmel ragt. Ihm gegenüber jenſeits der Altmül liegt die Mühle Bubenrod am Fuße einer wohl 300 Fuß hohen Felſenwand. Auf dieser Mühle walteten einst Berggeiſter, Wich= telen. Sie kamen des Nachts aus einer Höhle unten am Burgſtein und verrichteten die in der Mühle nöthigen Arbeiten. Und wenn der Morgen kam, war alles wohl beſorgt. Weil aber die Mühlbeſitzer ihre Freude an den kleinen, fleißigen Leutchen hatten, und ſahen, daß sie zerlumpte Kleider trugen, so ließen sie neue für sie machen und legten ſie hin. Da nun in der Nacht die Wichteln wieder kamen, fin=

gen sie zu weinen an, nahmen die Kleiblein und gingen schluchzend von dannen. Sie kamen nicht wieder.

„Der Burgstein hat ein Loch, das den Anfang eines durch den Mühlberg sich erstreckenden und in den Schatzfels ausmündenden unter= irdischen Ganges bilden soll. Vom Kappenzipfel gegen den Burgstein zu zog das wilde Gjaig." (Bavaria III. B. S. 931.)

Wenn man über den Sattel des Burgsteins gekommen ist, schauet links von Ferne her recht niedlich ein Dorf mit spitzem Kichthurme von der Höhe. Es ist Schernfeld. Wären wir oben, so würden wir umgekehrt eine der schönsten Aussichten in das Thal bis nach Breitenfurt und Bubenrod genießen.

Ehe wir unseren Weg fortsetzen, ziehet gleichfalls links unsere Blicke eine einsame Mühle, Attenbrunn, auf sich, welche zwischen Bäumen und Gebüsch versteckt, ganz heimlich an der mit hohen Buchen bewachsenen Bergwand und nahe an der Altmül steht. Doch nicht dieser Fluß, sondern eine lustige Bergquelle treibt ihre Räder. Anfangs auf einem Fahrwege, dann immer über üppige Wiesen wandeln wir dahin und gelangen nach einer Stunde in das Pfarrdorf Obereich= stätt. Dieser Ort war im 12. und 13. Jahrhundert im Besitze einer von ihm benannten Familie, später kam er aus der Hirschbergischen Erbschaft an Oettingen und wurde 1347 von dem Hochstifte gegen andere entfernt gelegene Güter eingetauscht. Die Kirche daselbst, in romanischer Bauart, kann als ein Muster des befestigten Landkirchen= baues im Mittelalter gelten. In Obereichstätt bestand schon in ältesten Zeiten ein Eisenhammer, der sich in der Folge in ein Schmelzhütten= werk verwandelte, dessen Betrieb mit vielen mißlichen Umständen zu kämpfen hatte. Das herzoglich Leuchtenbergische Haus verwendete große Summen auf die Hebung desselben, und der Bau eines neuen Hoch= ofens mit Cylindergebläse, ansehnlicher Werkstätten, Beamtenwohnun= gen, Häuser für die Arbeiter und anderer Gebäude gibt ein rühmliches Zeugniß, mit welcher Liebe die Fürsten desselben auf die Pflege der

Industrie bedacht waren. Jetzt steht der Hochofen still, und mit ihm ruht die Arbeit des Erzgrabens im ganzen Bezirke. Doch werden mittelst zweier Cupol= und ebenso vieler Muffelöfen noch immer viele schönen Arbeiten erzeugt und in den Werkstätten in's Reine gebracht. Auch eine Pulvermühle, die an dem Werkbache steht, arbeitet nicht mehr.

Wir könnten nun auf kürzerem Pfade über die Höhe nach unse= rem nächsten Ziele gelangen. Aber der gute Weg und die Aussicht in das schöne Wiesenthal mit den nahen waldbewachsenen Berghängen, die besonders jenseits des Flusses uns die Salzleite, einen der schönsten Buchenwälder, zeigen (jetzt wird sie von der Eisenbahn durch= schnitten), heißt uns am Fuße des Berges nach Rebdorf wandern, wo uns eine merkwürdige historische Stelle empfängt.

Kaiser Friedrich Barbarossa und seine Gemahlin Beatrix schenkten diesen Ort sammt dem Hofe Sperberslohe und großen Waldungen im J. 1153 dem Eichstättischen Bischofe Konrad von Morsbach, ihrem Hofkapellane, zu dem Zwecke, hier ein Kloster regulirter Chorherrn zu gründen. Viele Bischöfe Eichstätts und eine Menge Adelicher, beson= ders die Grafen von Hirschberg, machten Schenkungen an das Kloster. Den jetzigen Bau desselben, dessen Frontlänge an der Altmül 600' beträgt, ließ der Prälat Räm im Anfange des achtzehnten Jahr= hunderts aufführen, die Kirche sein Nachfolger Jobst erbauen. Im Anfange waren die Mönche dieses Klosters fast alle adeligen Standes. In der Folge arteten sie sehr aus, kümmerten sich nichts mehr um Zucht und Ordensregel, verachteten wissenschaftliche Beschäftigungen und ergaben sich der Jagd, Schmausereien und Trinkgelagen (ne quid amplius dicam, setzt der Historiker Brufchius bei). Deßhalb nahm der Bischof Johann von Aich eine Reformation des Klosters vor, jagte die adeligen Herren hinaus und berief auswärtige Mönche an ihre Stelle im J. 1458.

In diesem Kloster lebte und schrieb ein Chronist des vierzehnten Jahrhunderts, von dem nicht einmal der Geschlechtsname aufbewahrt wurde. Er ist nur bekannt unter dem Namen: Henricus Rebdorfensis. Der ausgezeichneteste und gelehrteste Mann des Klosters war der Prior Kilian Leib, ein Freund Willibald Pirkheimers, mit dem er eine leb= hafte Korrespondenz unterhielt. Rebdorf barg in seinen Mauern manche Schätze der Künste und Wissenschaften. Aber ein schönes Altarbild von Rubens in seiner Kirche und die schönen Glasgemälde im Kreuz= gange sind spurlos verschwunden. Die Wandbilder in demselben, jetzt verbauten Kreuzgange, die bedeutendsten für die Zeit der Frühgothik und jedenfalls die werthvollsten Reliquien alter Malerei, wurden im J. 1857 durch Maler Reichardt auf gewebten Stoff übergebracht und befinden sich jetzt im königlichen Nationalmuseum zu München. Die Klosterbibliothek war eine der reichsten an seltenen und kostbaren Wer= ken. Diese Schätze verlor sie im Jahre 1800 durch eine Unbedacht= samkeit. In diesem Jahre lagen französische Truppen in Eichstätt und seiner Umgebung längere Zeit in Standquartieren. Nun wurde eines Tages der Bibliothekar des Klosters — wahrscheinlich absichtlich — von dem französischen Generale Joba zur Tafel gezogen. Während des Mahles brachte dieser, der ein Freund der Literatur war, das Gespräch auf wissenschaftliche Werke und Seltenheiten. Da ließ sich der Bibliothekar, befeuert vom Weine, allzu eifrig und rühmend über die Schätze der ihm anvertrauten Büchersammlung heraus. Am andern Morgen erschien in Rebdorf ein französischer Offizier mit einem Com= mando, besetzte die Bibliothek und nahm den Bücherkatalog für seinen General heraus. Nach einigen Tagen wanderten die kostbarsten Werke nach Frankreich.

Einige Jahre später vertrieb die Säcularisation die Mönche aus ihrem Sitze, der vom Jahre 1458 an der Wohnort friedlicher mit christ= licher Lehre und Pflege der Wissenschaften beschäftigter Männer gewesen war. Sie lebten hier ein stilles, harmloses Leben und waren weit entfernt von der Unruhe des Ehrgeizes. In dieser Beziehung wird eine bezeichnende Anekdote erzählt, in welcher zugleich ein Aufschluß

über die den Klöstern oft vorgeworfene Gleichgültigkeit gegen manche
Fortschritte liegen mag. Zur Zeit, als der Straßenbau von den
Fürstbischöfen Eichstätts mit allem Eifer betrieben wurde und bereits
die neue Straße nach Weißenburg fertig war, lag man wiederholt
dem Kloster an, die nur eine halbe Stunde lange Wegstrecke bis zu
dieser zu chaussieren. Allein der Prälat sammt dem Convente weigerte
sich beharrlich. So galten sie denn allenthalben als hartnäckige
Feinde aller Verbesserung. Fast täglich aber kamen aus der Stadt,
meistens auf dem viel näheren Wege über den Willibaldsberg, befreun=
dete Männer aus dem Stande der Dikasterianten und gebildeten Bür=
gerklasse in's Kloster, wo sie gerne gesehene Gäste waren und bei gutem
Klosterbiere sich mit den geistlichen Herren auf's trefflichste unterhielten.
Einmal nun war wiederum ein fürstlicher Beamte gekommen und
machte in Anwesenheit einiger Stadtgäste wegen der Straßenanlage
kräftige Vorstellungen, indem er besonders betonte, wie schwer das Zug=
vieh des Klosters auf dem schlechten Fuhrwege von der Stelle komme.
Ei, versetzte der Pater Schaffner, das macht uns gar nichts. Wenn
zwei Pferde den Wagen nicht ziehen, so spannen wir vier ein, und
wenn dieß nicht genug ist, nehmen wir sechs. Voll Verdruß entfernte
sich der Mann der Regierung. Der Pater Schaffner aber wendete sich
an seine Freunde mit den Worten: Ihr Herren, daß ihr's wißt, wir
sind nicht so obstinate Köpfe, wie es scheint. Wir machen schon Stra=
ßen, aber anderswo, und nicht die zur Schlagbrücke. Sie, meine
Herren, sind uns angenehme Gäste, und wir würden Ihren Umgang
schmerzlich entbehren. Machen wir aber die verflixte Straße, so kom=
men die Herren Geheimräthe, Domherren und Cavaliere gefahren, denen
wir tüchtig aufwarten und die gehorsamen Diener machen müßten.
Und dafür bedanken wir uns. Ohne Straße ist ihnen der Weg zu
weit, und mit der Straße ist er uns zu nahe. Es ist am Besten,
wir bleiben einander vom Leibe. In den Klosterräumen ist nun keine
Bibliothek mehr, keine Kunstdenkmäler, selbst die Gräber des Töchterleins

des Barbarossa, des Bischofs Konrad, des letzten Grafen von Hirsch=
berg und zahlreicher edler Herren, die hier in der Kirche und dem
Kreuzgange ihre Ruhestätten bestellten, sind nicht mehr zu finden; keine
behaglichen oder bleichen Mönche, wie sie die Romantik sich denkt,
wandeln mehr durch diese Gänge und Gärten. Man sieht jetzt nur
Gestalten in ungebleichten Pantalons und Jacken in den Klosterhöfen,
in den Gärten und auf den Fluren, bewacht von Soldaten und be=
waffneten Aufsehern, ein anderes Geschlecht, das keine Gelübbe abge=
legt hat, als vielleicht das einzige, von der Schwäche einer überspann=
ten Humanität Profit zu machen.

Wir wenden uns auf den Weg nach dem nahen Dörfchen Maria=
stein, wo seit dem Jahre 1471 ein wenig begütertes Frauenkloster
bestand, welches im Jahre 1804 säcularisirt wurde. Die letzten Non=
nen verließen das Kloster im J. 1832, die Realitäten wurden im J.
1838 verkauft. Die Nonnen hatten dem beschaulichen Orden der
Augustiner=Chorfrauen angehört. Das Visitationsrecht hatte dem Prior
von Rebdorf zugestanden. Vielleicht ist dieß die Ursache von der noch
heute unter dem Volke geglaubten Sage, daß ein unterirdischer Gang
von einem Kloster zu dem anderen führe.

Von Mariastein nach Eichstätt durchwandern wir einen sehr freund=
lichen Weg mit anziehenden Ansichten. Immer haben wir das lieb=
liche Rebdorfer Thal mit der stattlichen Klosterfaçade und auf der an=
deren Seite das Brauhaus Hofmühl mit seinen ansehnlichen Neben=
gebäuden im Auge, eine ziemlich großartige Bierfabrik, welche früher
durch ihr herrliches Getränke berühmt, in den letzten Zeiten der Leuch=
tenbergischen Fürsten der Gegenstand selbstsüchtiger Rentenjagd war und
heut zu Tage ein Bier erzeugt, daß zwar im Drange der Verhältnisse
viele Trinker, aber fast gar keine Freunde und Lobredner hat. Ueber ihm
erhebt sich der grandiose Bau der Willibaldsburg, die mit ihren
riesigen Basteien und den großartigen Fensterreihen der ehemaligen Fürsten=

gemächer einen erhabenen Anblick gewährt. Wir schreiten über die Brücke und durch eine Papelallee zur Stadt Eichstätt.

Eichstätt, eine freundliche von reinlichen, hellen Gassen durch=zogene Stadt, welche gegen 8000 Einwohner zählt, liegt in einem nicht gar breiten Thale, dessen Berghängen hier größtentheils unbe=waldet und gegen Norden sehr steil, felsig und kahl sind. Zwei dieser Vorstädte ziehen sich zum Theil an den Bergen empor und gewähren dadurch einen höchst eigenthümlichen Anblick, um so mehr, da die Häuser derselben alle mit Schiefern gedeckt sind, eine Beschaffenheit, welche auch den meisten Gebäuden der Stadt selbst eigen ist. Mit Quellwasser, das aus den nördlichen Bergen kommt, ist sie wohl ver=sehen. Eichstätt ist eine der ältesten Städte des rechtsrheinischen Bayerns und mit Würzburg die älteste nördlich der Donau. Es wurde von dem heil. Willibald um das Jahr 740 gegründet. Bischöflicher Sitz ist es seit dem Jahre 745. Schon im Jahre 908 erhielt es von dem Könige Ludwig dem Kinde Stadtrechte. Unter allerlei Streitigkeiten mit der Geistlichkeit und den Schirmvögten des Hochstiftes, den Grafen von Hirschberg, nahm die Bevölkerung desselben zu, und zwar bedeu=tend, als es von den letzteren im J. 1291 weitere städtische Freiheiten und Rechte errungen hatte. Im J. 1460 hatte es durch eine Bela=gerung von Seite des Herzogs Ludwig des Reichen von Niederbayern viele Drangsale auszustehen. Damals war seine Gewerbethätigkeit und sein Wohlstand bereits in hoher Blüthe. Auch der Handel stand auf einer nicht unbedeutenden Stufe, und die Hofhaltung des Ingolstädti=schen Herzoges Ludwig des Bärtigen bezog ihre Bedürfnisse von den Handelshäusern Kalmünzer, Kraner und Lorenz Kastner in Eichstätt. Die Tuchmachereien derselben versahen mit denen Nürnbergs die Märkte des südlichen Deutschlands mit ihren Manufakten. Ueber 160 Meister mit mehr als 800 Knappen arbeiteten in denselben. Aus den Schulen Eichstätts gingen gelehrte Männer mit der gediegensten Bildung hervor. Der Fürstbischof Wilhelm von Reichenau war einer der vorzüglichsten

Architekten des 15. Jahrhunderts. An seinem Hofe legte Willibald
Pirkheimer, der in dieser Stadt geboren wurde, den Grund zu seiner
wissenschaftlichen Ausbildung. Die schönen Künste wurden mit vollem
Eifer und dem größten Aufwande gepflegt. Man staunt, wenn man
in Martin Zeillers (eines Bädeckers der alten Zeit) Reisebeschreibung
die Beweise davon liest. „Außer der Statt, bey einer halben stunde,
ligt in der höhe, auff einem Felsen, daß Schloß S. Wilibaldsberg,
auf welchem der Bischoff Hoff helt. Obgedachter Joh. Conradus von
Gemmingen, Bischoff allhie (so Anno 1612 im Novembri gestorben)
hat acht schöne Gärten herumb zurichten lassen, in welche allerhand
herrliche und schöne Gewächs sein gesetzt worden, wie hievon ein
besonders Buch in Truck außgangen ist. Es sein da schöne gemalte
Sääl und LustZimmer, und in der Sääl einem ein runder ebener
(von Ebenholz) Tisch, an dem das Blat und der Fuß, mit silber=
nen gestochenen Blumen und insecten eingelegt ist. Es sein auch
da vier unterschiedene Fasanengärten, darin auch Kranich und andere
Vögel sein. Es solle auch da ein köstlicher Schreibtisch auff viele tau=
sent Gulden werth sein. Item allerhand köstliche Sachen, Edelstein,
perline Ketten, köstliche Ring, Cleinodien, schöne gestickte Sachen. In
der Guardarobba schöne gemahlte Kunststück, und unter demselben
Hercules im Ennkelhauß, unter den Frawenzimmer, so Lucas Kra=
nach gemahlt: item ein schöner Orpheus. Im Silber= oder Schatz
Gewölb schöne Schreibtisch, 15 silberne vergulte und getribne Hoff=
becher, in einer Orgel, deren der grösser in der mitte 1³/₄ Centner
schwer, und eines Mannes hoch, daran Historien getrieben. Item ein
schönes Crucifix: Item an einem andern orth ganz guldene Gefäß,
auff viel tausend Gulden werth: Item antiquitäten: Etliche Kästen
ganz voll mit Silber: item Cristalline Geschirr in Gold gefaßt, dar=
unter zwey mit Steinen versetzt."

Wie wir hier sehen, wurde der erste botanische Garten Europas
in Eichstätt angelegt. Und der reiche kunstsinnige Fürstbischof, der

dieses that, begnügte sich nicht damit, sondern ließ auch die Abbildun=
gen von den Gewächsen desselben zu Nürnberg in Kupfer stechen. Dieß
ist der bekannte Hortus Eystettensis. Die Schloßbibliothek enthielt
die ausgezeichnetsten Werke, wie sich aus den noch später vorhandenen
Ueberresten schließen läßt. All diesen Reichthum, diese Anlagen, diese
Sammlungen und Kunstschätze, selbst diese Werkstätten fleißiger und
geschickter Bürger zerstörte der dreißigjährige Krieg. Vom 7. bis 12.
Februar 1634 wurde die Stadt, nachdem sie schon vorher durch uner=
hörte Brandschatzungen und Plünderungen wiederholt beraubt worden
war, von den Schweden in einen Schutthaufen verwandelt. 414 Häuser
und 7 Kirchen legten sie in Asche. Und dennoch wurden im nächsten
September gleichsam als Nachlese noch 44 Häuser niedergebrannt und
die Geplünderten noch einmal geplündert. Auch der botanische Gar=
ten und die übrigen schönen Anlagen wurden so gründlich von dem
Erdboden vertilgt, daß schon das nächste Jahrhundert nicht einmal
ihre Lage mehr wußte. Selbst die Orte, wo die Tuchmachereien stan=
den, sind der Sage anheimgefallen. In keiner Stadt Teutschlands
hat die Wuth fanatischer Feinde in gleicher Wildheit gewüthet. Kein
Wunder, wenn im Volke noch immer die Sage geht, auswärtiges
Anhetzen habe zu den Gräueln gestachelt. So waren die Geld = und
Arbeitskräfte und der Muth zu Industrie und größeren Gewerben bis
auf unsere Tage verschwunden, und ehe ein Wiederaufkommen der
Manufakturen möglich gewesen wäre, waren andere Orte zuvorgekom=
men. Man lebte ein höchst einfaches und sparsames Leben, wenn
gleich ohne Hungerleiderei. Vor etwa hundert Jahren noch setzten sich,
wie die Tradition erzählt, in den Nachmittagsstunden an Sonn = und
Feiertagen die Bürgersmänner auf Rasenplätzen des Schießstattberges
zusammen und unterhielten sich mit Kartenspiel. Wer gewann, den
mußte der Verlierende aus seiner Dose schnupfen lassen. Am Abende
genoß man mit seiner Familie den Sonntagsbraten und mit ihr den
mäßigen Abendtrunk. Frühzeitig wurde das Nachtlager gesucht. Allein

was die Sorgfalt der Fürsten und der Fleiß und die Sparsamkeit der Bürger später wieder schuf, fraßen die französischen Kriege. Millionen wurden durch Einquartierungen, Lieferungen und Contributionen aus Stadt und Land erpreßt. Die Wehen der Säcularisation theilte Eichstätt mit vielen anderen Genossen. Das muß der Fremde wissen, welcher diese Stadt besucht, damit er nicht in den ungerechten Ruf einstimme, der aus Gehässigkeit über diese Stadt im Lande verbreitet und in albernem Geschwätze variert wurde. Dies friedliche Zusammenleben von Menschen verschiedener Confessionen in Eichstätt ist immerhin kein Zeichen von Finsterniß und könnte mancher anderen Stadt, die sich besonderer Helle rühmt, zum Muster dienen, und die theilweis vorhandene Arbeitsflucht würde sich in kurzem beseitigen lassen, wenn Kapitalien zu Fabriken vorhanden wären.

Wir beschauen zuerst die Merkwürdigkeiten, welche Eichstätt innerhalb seiner Mauern aufzuweisen hat. Voran steht mit Recht die Domkirche, ein uralter Bau. Sie ist zwar kein kunstgerechtes Ganze und aus den Bauarten verschiedener Zeiten zusammengesetzt, aber manche seiner Einzelnheiten hat für den Kenner alterthümlicher Kunst vielen Werth. Dazu gehört besonders der Kreuzgang spätgothischen Styls. Er ist ein Werk des M. Roritzer „mit grandiösen Fenstern, herrlichen, fast unvergleichlich reichen Mittelsäulen und üppigen Gewölben mit Schlußsteinen, welche heilige Bilder und Wappen enthalten. Von außen flankiren den Bau hohe Streben mit Säulenstellungen und Fialenschluß. Oberhalb Säle mit gothischen Fenstern." Leider ist dieses schöne Werk stellenweise schadhaft, was besonders dem ersten Jahrzehent unseres Jahrhunderts in Rechnung zu setzen ist, da der Vandalismus einer hirnrissigen Aufklärung alle Werke der Kunst, besonders der kirchlichen, zu zerstören suchte. Gegenwärtig hat man sich zur Wiederherstellung dieses herrlichen Baudenkmales vereint und bereits die Voranstalten dazu getroffen.

Nicht minder sehenswerth ist die Domsakristei, „ein Kapellenbau

mit Sterngewölben, einer Rundsäule in der Mitte und herabhängen=
dem Schlußsteine, der das Wappen des Bischofes Johann III., von
Eich, aufweist." Es sei uns gestattet, das Bild dieses merkwürdigen
Mannes hier einzusetzen. Johann von Eich war eine kraftvolle Er=
scheinung in den Zeiten des Faustrechtes (er war Bischof von 1445
bis 1464). „Ritterlicher Muth, frommer Sinn, reine Sitte und
große Gelehrsamkeit vereinigten sich in seiner Person. Die Chronik
schildert ihn als einen „überlangen freudigen Mann, der, wenn er auf
das Rathhaus zu den Rechten ging, ein ganzes Panzerhemd unter seinem
Rocke, an der Seite ein langes Rappier mit einem Hefte von Hirn=
schalen trug, und sich oft vernehmen ließ, er habe Muthes genug,
mit fünfen sich herumzuschlagen, wenn sie ihn ehrlich angriffen. Der
Papst Aeneas Sylvius — Pius II. — bekanntlich kein Freund des
Domkapitels Eichstätt, weil es ihn nicht einmal einer Kapitularstelle
würdig fand, „während er doch Papst werden konnte," beglückwünscht
dasselbe dennoch, „daß es einen Mann gewählt habe, der durch Kennt=
niß des Rechtes, durch wissenschaftliche Bildung und Gewandtheit der
Geschäftsführung bei Hof sich auszeichne und mit vorzüglicher Thatkraft
begabt sei." (Sax, Geschichte von Eichstätt S. 152.)

Außer einigen anderen Sculpturen machen wir besonders aufmerk=
sam auf den Altar beim Grabmale Gundekars II., darstellend die
Kreuzigung Christi, spätgothisch, im Style Wohlgemuths, von Ulrich
von Werstadt.

An trefflichen Glasmalereien führen wir besonders zwei Bilder
an, ein jüngstes Gericht und eine Himmelskönigin, deren ursprüng=
liches Gesicht entwendet und durch eine neue Arbeit ersetzt wurde.
Auf dem Gürtel der letzteren steht der Name: H. Holbein. Das
jüngste Gericht ist mit keckem künstlerischen Freimuthe dargestellt. Beide
Gemälde befanden sich früher im Kreuzgange, und dieser ist auch, wenn
er restaurirt sein wird, allein ihr passender Platz. Aeußerst merkwür=
dige „Miniaturmalereien enthält das zum Domschatze gehörige Pontificale

des Bischofes Gundekar II. von dem strengen byzantinischen Style an
bis zu Musterstücken der gothischen Periode." Von hohem Interesse
für die Paramentik sind in der Sakristei des Willibaldschores „eine
Casula, nebst Manipel, Stola, Albe u. s. f., der Tradition zufolge
vom hl. Willibald.

In der Kirche zu St. Walburg zieht die Aufmerksamkeit der
Fremden besonders die Gruft an, in welcher die Gebeine dieser welt-
berühmten Heiligen in einer kleinen Steingrotte beigesetzt sind, wo sich
das weitbekannte Walburgisöl sammelt. Diese Gruft ist ein gar sonderbarer Bau, der einen mysteriösen Eindruck macht. „Im Kloster
St. Walburg sieht man einen prachtvollen (angeblich) vom seligen Leo-
degar stammenden) Kelch mit romanischem Blattwerke und typischen
Medaillons. Eben dort ein Reliquiengefäß mit romanischen Formen,
das in einer Inschrift den Künstler nennt: Bruder Gebhard von Per-
ching. Ein Silberarm mit vielen Emailen und Ringen v. J. 1514,
spätgothisch. Teppiche aus der romanischen Zeit, mit den Bildnissen
der Verwandten des heiligen Willibald, aus diesem Kloster stammend,
sind gegenwärtig im kgl. Nationalmuseum in München."

Die übrigen Kirchen Eichstätts, nämlich die Spitalkirche, die Schutz-
engelkirche, die Kapuzinerkirche, die Peterskirche und einige Kapellen
bieten nichts dar, was für den Kunstfreund von erheblicherem Werthe
sein könnte. Neben der Kapelle zu St. Michel in der Westenvorstadt
befindet sich ein nunmehr verlassener Kirchhof, der Fuchsbühel genannt,
wo auf einem jetzt nicht mehr vorhandenen Grabsteine folgende höchst
naive Inschrift zu lesen war:

Hier liegt der Dillinger Bot,
sei ihm gnädig Herr und Gott
wie er dir gnädig wär, wärst du der Dillinger Bot.
und er dein Herr und Gott.

Eine bedeutende Zierde Eichstätts ist die großartige Mariensäule
auf dem Residenzplatze mit hübscher Fontaine. Sie ist 67' hoch, und

auf ihrem Gipfel glänzt die reich vergoldete, 1½ hohe Statue der Ma=
donna. Die Herstellung der dazu gehörigen Wasserwerke schreibt die
Volkstradition einem einfachen Zimmermann zu, der die Ausführung
derselben trotz aller Negation gelehrter Mathematik vollendete. Er muß
ein genialer Kopf, voll tecken Humors gewesen sein, wenn, wie kaum zu
zweifeln, die Aeußerung wahr ist, die man von ihm erzählt. Als
nämlich bei der feierlichen Enthüllung des schönen Monumentes der
Fürstbischof in Gegenwart des ganzen Hofes, des Domkapitels, der
Dikasterien und aller Behörden den verdienten Wasserkünstler hervor=
rufen ließ und ihm die Erlaubniß gab, sich eine Gnade auszubitten,
soll er sich anfangs, als bereits zufrieden gestellt, geweigert, dann aber,
als ihn der Fürst an seine Kinder erinnerte, seine Bitte also formu=
lirt haben: Meine übrigen Kinder haben etwas gelernt und mögen
arbeiten; die sind versorgt. Aber da hab' ich noch einen Buben, den
Xaverl, den kann man zu gar nichts brauchen. Und da wollt' ich
Euere hochfürstbischöfliche Gnaden gebeten haben, ihn zu einem Hof=
rath zu machen. (Die fürstlichen Hofräthe waren häufig Gegenstand
des Volkswitzes, weil öfters Söhne höherer Beamten, die wenig oder
nichts gelernt hatten, in diese Staatsdienerklasse waren eingereiht wor=
den.) Der Fürst soll anfangs gestutzt, dann aber sich schmunzelnd
weggewendet haben. Er blieb dem freimüthigen Meister auch nachher
immer gewogen.

Der Residenzplatz, dessen Zierde diese Säule ist, hat rings herum
ansehnliche Gebäude und ist hübsch mit Bäumen und Gesträuchen ge=
schmückt. Das Residenzschloß, ehemals der Wohnsitz der Fürstbischöfe,
ist jetzt von den Kanzleien des mittelfränkischen Appellationsgerichts
und des Bezirksgerichts Eichstätt besetzt. Das schönste in seinen Räu=
men ist eine großartige wunderhelle Doppeltreppe. In der Nähe der
Residenz haben auch zwei k. Forstämter, das k. Rentamt, das Land=
gericht und Bezirksamt ihre Sitze. Außerdem befindet sich in Eichstätt
ein k. Gymnasium mit lateinischer Schule und ein Schullehrerseminar.

Auch liegt gewöhnlich ein Bataillon Fußvolk hier in Garnison. Da es überdieß der Sitz eines Bischofes und Domkapitels ist, an welche sich das bischöfliche Lyceum und Klerikalseminar nebst einem Knaben= seminar und zwei Klöster anreihen, so ist die Stadt durch viele Geld= zuflüsse gesegnet, auf welche sich hauptsächlich der Nahrungsstand seiner Bürger gründet. Und dieser Quellen bedarf sie nothwendig, da ihr Agrikulturboden sehr beschränkt ist und Großgewerbe gänzlich fehlen.

Die Stadt besitzt ein hübsches und geräumiges Theater, welches aber den Fehler hat, daß man zu ihm mittels einer ziemlich hohen Treppe gelangen muß. Man hat diesem Mißstande, der bei Feuers= gefahr bedenklich schien, durch eine zweite Treppe an der Außenwand des Gebäudes in höchst barocker Weise zu begegnen gesucht. In den Etagen unter dem Theater befinden sich die Lokale der Casinogesellschaft, welche schöne Räume zu Tanz=, und anderen geselligen Unterhaltungen, aber · · kein Lesezimmer hat.

Am Ende der südlichen Seite der Ostenvorstadt liegt der Hofgar= ten, welchen die Fürstbischöfe im vorigen Jahrhunderte angelegt haben. Er ist zwar nicht groß (etwa 6 Morgen), aber höchst schätzenswerth wegen seiner schattenreichen Baumgänge. Er ist das einzige noch übrige Erinnerungsmal an eine schöne fürstliche Vergangenheit. Keine Stadt Bayerns ist in solchem Maße aller Ueberreste früheren Glanzes beraubt wor= den, wie Eichstätt. Bureaukratische Engherzigkeit wird in Kurzem auch diesen letzten beseitigen. Wenn nicht Pietät gegen die Fürsten, welche hier segenreich als Vorgänger künftiger mächtigerer Regenten gewaltet haben, so sollte doch historische Gerechtigkeit den Impuls geben, wenig· stens eines ihrer Denkmale zu bewahren, das nicht die Natur finan= zieller Empfehlung hat.

Um die Umgebung Eichstätts kennen zu lernen und zu den Punk= ten zu gelangen, wo wir die schönsten Aussichten genießen können, nehmen wir vom Hofgarten weg den Weg gegen das Ende der Osten= vorstadt. Hier steht uns zur Linken ein stattliches Gebäude. Es ist das Krankenhaus der Stadt, auf welches sie stolz sein darf, da im bayerischen Staate schwerlich eine andere Stadt von gleicher Größe sich eines ähnlichen rühmen kann. Im Sommer 1866 lagen in ihm außer den gewöhnlichen (damals 32) Kranken über 100 kranke Soldaten zu gleicher Zeit in Verpflegung, ohne daß in den Räumen des Hauses eine Beengung statt hatte.

Durch eine Lindenallee und an zwei Mühlen vorbei kommen wir zu der „Anlage." Sie ist eine äußerst freundliche Pflanzung von allerlei Bäumen und Gesträuchen, sowohl einheimischen als auch fremden. Letztere ließen die Herzoge aus verschiedenen fernen Ländern kommen. Sie verwendeten auf diese Anlage über 36,000 Gulden, nicht allein zum Zwecke der Forstkultur, sondern auch zu dem Ende, daß die Bewohner der Stadt in der Nähe eine Gelegenheit zu anmuthsvollen Spaziergängen hätten. Geschlängelte, schattenreiche Wege, mit bequemen Sitzen versehen, luden zum Lustwandeln ein und stellten die Verbindung mit dem anstoßenden Buchenwalde her, den die menschenfreundlichen Fürsten gleichfalls mit vielen Gängen mannichfaltig durchziehen ließen. Alles wurde immer sorgfältig unterhalten, und an den Bäumen und Gesträuchen waren Täfelchen befestigt, welche deren botanische Namen verkündeten. Mit Recht hat die Dankbarkeit unter diesen von der Natur so schön gestalteten Baumgruppen an Felsenwänden den drei Leuchtenbergischen Fürsten Erinnerungstafeln geweiht — gleichsam an der Pforte zu den von ihnen bewahrten und beförderten Waldschätzen, aus welchen jetzt so reiche Einkünfte gezogen werden. Der Fremde wird, wenn er die jetzige Vernachlässigung dieser von der Natur so sehr begünstigten Anlage gewahrt, mit uns den Verfall derselben beklagen und einen gerechten Unwillen empfinden, wenn er hört, daß Eigensinn und Indolenz, wie man vernimmt, sogar die Mittel zu ihrer Unterhaltung verschmäht. Gerecht ist der Wunsch, daß die Pflege derselben in geeignetere und willigere Hände gelegt werden möge.

Wir verfolgen einen der noch etwas gangbaren Wege und gelan=
gen allmälig zur Berghöhe. Dort zur Linken steht am Eingange in
den erst kürzlich aufgehobenen Hirschpark der Herzoge von Leuchtenberg
das Forsthaus, ein Vergnügungsort der Stadtbewohner. Von diesem
aus erreicht man, durch lauter schöne Waldpartien wandelnd, in drei
Viertelstunden die Fasanerie, einen äußerst gemüthlichen Ort für länd=
liche Ausflüge. Wir setzen aber unseren Weg rechts nach der Kapelle
auf dem Frauenberge fort, welche von Andächtigen häufig besucht wird.
Vor derselben hat man eine äußerst liebliche Aussicht in zwei von der
Altmül durchschlängelte Thäler, gegen Nordost Theile der Stadt, deren
Häuser hier an den Schießstattberg hinanklimmen oder weithin sich
nordwestlich ausdehnen, gegen Osten das Wiesenthal bis Landershofen,
zur Linken das schöne Thal, in welchem die Dörfer Wasserzell, Reb=
dorf mit den ansehnlichen Gebäuden seines Correctionshauses, und
Mariastein freundlich gelagert sind, gegen Nordwest in tieferer Lage
Basteien und Giebel der Willibaldburg. Es ist eine der schönsten Aus=
sichten des Altmülthales.

Zu einem zweiten interessanten Punkte nimmt man die Richtung
durch das Buchthalthor, steigt allgemach empor und verfolgt die Win=
dungen des sogenannten neuen Weges, unter welchem man die Stadt
eine Strecke weit zu seinen Füßen sieht. Der Anblick der alterthüm=
lichen Thürme der Stadtmauer, der daran stoßenden Gebäude und
der Kirche des Klosters St. Walburg, der sich kreuzenden Straßen der
Stadt und ihrer meistens mit Schiefern gedeckten Häuser ist äußerst
anziehend. Unvermerkt kommt man immer höher an die Berghänge
hinauf, während das Auge sich fortwährend auf den schönen Thalgrund
richtet, bis man, bei dem hoch oben am Bergrande gelegenen Dörf=
chen Windischhof vorüber, endlich auf dem Geisberge zu der
geeigneten Stelle gelangt. Hier genießt man eine wahrhaft großartige
Aussicht. Zwei Thäler öffnen sich den erfreuten Blicken. In dem
zur Linken breitet sich die Stadt in einem Halbzirkel aus, weiterhin

setzt sich das liebliche Thal fort und schließt sich mit einem Hinter=
grunde dunkler Wälder. Rechts haben wir die Thalbucht, in welcher
die Dörfer Wasserzell, Rebdorf und Mariastein und allerlei zerstreute
Gebäude friedlich ruhen. Zunächst vor uns tief unten im Thale win=
det sich in schönen Krümmungen die Altmül hin und noch weit unter=
halb der Stadt sehen wir ihr Gewässer erblinken. Unserem Stand=
punkte fast gerade gegenüber ragen die sich lange hindehnenden Bau=
werke der Willibaldsburg gegen Himmel, in weiterer Ferne die Kapelle
des Frauenberges und zuletzt an dunklem Waldsaume das Parkhaus.
Gegen Südost bis zum westlichen Horizonte umringt ein Waldkranz
die Landschaft. Dort das sanfte Feldergelände, welches sich von der
Burg bis in die Nähe der Pappelallee herabzieht, bildet den Raum,
über welchen sich einst der oben erwähnte botanische Garten sammt
den dazu gehörigen Lustgärten ausdehnte. Diese Aussicht ist ohne
Zweifel die imposanteste des Altmülthales. Doch immer wieder zieht
der historische Reiz der Willibaldsburg unsere Blicke auf sich.
Denn wir vernehmen, daß dieses auch heute noch kolossale Bauwerk
vor 70 Jahren eine so großartige Gestalt hatte, daß die jetzt vorhan=
denen ruinenvollen Ueberreste kaum einen Vergleich gestatten. Nicht
allein der gegenwärtig noch vorhandene Hauptbau und die beiden Thürme
waren um ein Stockwerk höher und die letzteren mit stattlichen Kuppel=
dächern gekrönt, sondern man sah auch eine Menge An = und Neben=
bauten, theils hoch emporragend, theils in tiefere Lagen gestellt, sich
um das majestätische Hauptgebäude reihen, fünf weitere große und
mehrere kleine Thürme erhoben sich über die Giebel, und Hunderte
von Fenstern glänzten in das Thal hinab. Das große, hohe Gebäude,
das uns zunächst liegt, ist ein Werk des berühmten Baukünstlers Elias
Holl in Augsburg.

In dieser Burg nun walteten von der ersten Hälfte des 11. Jahr=
hunderts an die Eichstättischen Bischöfe als Landesfürsten und Ober=
hirten bis in den Anfang des 18. Jahrhunderts, und wenn man auch

der Ansicht sein mag, für die Stola gezieme sich das Scepter nicht,
so muß man doch gestehen, daß die lange Reihe von Eichstätts Kirchen=
fürsten meistens einsichtsvolle und wohlwollende Herrscher zählte, welche
zu ihres Volkes Glück und Segen wirkten. Ihre Regierungsgewalt war
durch das vielberechtigte Domkapitel überwacht, welches, wenn auch
oftmals selbstsüchtig, doch im Ganzen manchmal eine erfprießliche
Schranke setzte. Außer der Hirschbergischen Erbschaft erhielten die Fürst=
bischöfe weniges durch Fürstengunst und Freigebigkeit des Adels. Die
meisten Theile ihres Gebietes erwarben sie durch Sparsamkeit und ge=
ordneten Haushalt, die es ihnen möglich machten, eine Menge Güter
anzukaufen. Es verdient hervorgehoben zu werden, daß sie unseres
Wissens die einzigen unter allen Fürstbischöfen Deutschlands waren,
welche unbeirrt auf das Ziel losgingen, in ihrem kleinen Staate allein
Herren zu sein. Dieß gelang ihnen auch vollständig im Unterlande
ihres Fürstenthumes, welches sie von adeligen Hofmarken und Besitz=
ungen zu reinigen wußten. Im Oberlande war ihnen dieses Streben
schwieriger gemacht, weil dort die mächtigen Markgrafen von Ansbach
nicht zu bewältigende Hemmnisse machten. Zählte nun gleich das Fürst=
bisthum Eichstätt nur etwa 60,000 Einwohner, so hatte es doch einen
eben so hohen finanziellen Werth als manches andere, in welchem um
die Hälfte mehr Unterthanen wohnten. Und so war es, da es durch
die Säcularisation und den Frieden von Schönbrunn an Bayern kam,
ein weit werthvollerer Erwerb, als gewöhnlich angenommen wird.

Der Anblick der Ueberreste der Willibaldsburg, welche in den
letzten Jahrhunderten als Reichsfeste galt, erinnert uns an einen ori=
ginellen Mann, dessen Bild wir unseren Reisegefährten in einigen Zügen
entworfen zu müssen glauben. Es war dieß der Schloßlieutenant Krach,
der sich in dieser Feste und in der Stadt als wackerer Kämpe, wenn auch
in burlester Weise bemerkbar machte. Da im Jahre 1796 das kleine
Eichstätter Militärcontingent, etwa 800 Mann, bei der Reichsarmee stand,
und die Willibaldsburg ohnehin ihre Bedeutung für Kriegszwecke ver=

loren hatte, so war der Kommandant derselben unser Krach, der hie=
von den angeführten Namen trug. Da erschien am 12. September
der französische General Desaix mit 12,000 Mann in Eichstätt. Er
ließ die Feste, die er für wohl besetzt hielt, in aller Form zur Ueber=
gabe auffordern. Krach, der alles gethan, um ihn in seinem Irrthume
zu bestärken, erschien unter dem halb aufgezogenen Fallgatter, den
Sponton in der Faust und einen Korporal zur Seite, und erklärte,
er werde die Feste nur nach einem gelungenen Sturme oder nach einer
gangbar geschossenen Bresche ergeben, wenn man ihm nicht freien Ab=
zug mit klingendem Spiel und militärischen Ehren bewillige. Dieß
wurde zugestanden, das Thor öffnete sich, und der Schloßlieutenant
kam hervor, einen Tambour vor und etwa zwanzig Invaliden hinter
sich, welche die ganze Besatzung ausmachten. Die Franzosen staunten,
lachten dann und hatten ihre Freude an dem possirlichen Streiche.
Von da an lebte der alte Kriegsmann noch viele Jahre und versah
längere Zeit den Dienst als Kommandant der städtischen Schloßwache,
wo er ein recht behagliches Leben führte. Mittags einige Gerichte aus
der Hofküche, Abends eine detto Wiederholung nebst köstlichem Bier
und ein paar Bouteillen Wein gaben Erquickung genug für des Wach=
kommandanten Beschwerden, die in langer Siesta und Tabakrauchen
bestanden. Mehrere Jahre nachher rückte einmal eine Abtheilung fran=
zösischen Militärs gegen das Ostenthor der Stadt heran, als sich ge=
rade ein Leichenzug durch dasselbe hinausbewegte. Der Kommandant
derselben, der aus den Emblemen des Sarges die Beerdigung eines
Officiers erkannte, fragte nach dem Namen des Verstorbenen. Man
nannte den Schloßlieutenant Krach. Kaum hörte er diesen Namen,
so ließ er einen Theil seiner Mannschaft in den Zug einrücken und mit
auf den Gottesacker marschiren. Und dort wurden dem wackeren Hau=
begen von den Feinden die militärischen Salven in's Grab geschossen.

Wir scheiden von der Burg und der schönen Landschaft, und be=
geben uns in die Stadt zurück, um unsere Reise von dort aus fort=

zusetzen. Unser nächstes Ziel ist das Altmülthal unterhalb Eichstätt. Nach etwa drei Viertelstunden kommen wir an eine Stelle, wo zur Linken ein ganz bäumeloses Thal in den Altmülgrund einmündet, es heißt das Hessenthal. Hier befand sich, wie die Sage lautet, in früherer Zeit am Ausgange ein Fleck auf dem Boden von der Gestalt eines viereckigen Tisches. Auf demselben wuchs kein Gras. Zur Zeit des dreißigjährigen Krieges hatten hier vier Hessen mit einander Karten gespielt und so wüst gethan und so lästerlich geflucht, daß der Tisch sammt ihnen in die Erde sank. Von da wandern wir an dem rechts liegenden Dorfe Landershofen vorbei wiederum eine halbe Stunde und erreichen eine Brücke, die über die Altmül nach dem Dorfe Pfünz führt, von welchem ein kleines Landschloß auf uns herblickt, das sich hinter langen und hohen Umfassungsmauern erhebt. Sie umgeben einen großen Garten, in welchem sich jetzt eine bedeutende Obstbaum= plantage mit ansehnlicher Blumen= und Gewächsezucht befindet. Ehe= mals war hier ein ländlicher Aufenthaltsort und Lustgarten der Fürst= bischöfe sammt Oekonomie und Schweizerei. Dort, wo die Straße in das Dorf einmündet, war auf der Höhe ein großes römisches Castrum, von welchem Gemäuer, Graben und Umfangswälle noch deutlich zu sehen sind. Man fand hier schon manche Denksteine mit römischen Inschriften und vielen Münzen, und von Zeit zu Zeit wer= den auch jetzt noch dergleichen ausgegraben. Pfünz ist der Römerort, welcher Ad pontem oder Vetorianis hieß. Im Mittelalter war es der Sitz eines Adelsgeschlechtes, nämlich der Herren von Pfün= zen oder Pfunzen, welche vom 12. bis zum 15. Jahrhunderte in Ur= kunden des Fürstenthumes vorkommen. Später nahm diese Familie ihren Wohnsitz in Nürnberg und nannte sich Pfinzing. Melchior Pfinzing, Secretär des Kaisers Maximilian I. schrieb zwischen 1512 bis 1516 den berühmten Teuerdank. Von dem Castrum setzte sich die Römerstraße, welche von Nassenfels herkam, über die Altmülbrücke und nach Nordwest fort. Ein Denkstein am Fuße des Berges gibt

Bericht davon. Wir gehen ungeachtet der Lockungen solcher Merkwür=
digkeiten nicht über die Brücke, welche dem Orte Pfünz (pons) den
Namen gab, sondern schlagen den schönen Fußpfad links ein. In
Kurzem kommen wir an eine Stelle, wo wir ein Chaos von Felsen
und Steinblöcken finden, die in großer Menge und in größter Unord=
nung wie von einem Erdsturme umhergestreut scheinen. Ein äußerst
wunderbarer Anblick. Von der Höhe herabgestürzt sind sie schwerlich,
da die Felsen derselben durch ihre geringe Größe der Sache nicht ent=
sprechen. Es kommt einem vor, als seien sie zur Zeit der Eisperiode
von Eisblöcken hieher getragen worden, die an der Bergwand scheiter=
ten. Gleich darauf erfreut uns schon wieder ein hübscher Anblick. Es
ist eine mächtige Dolomitwand, deren oberer Theil, weil sie tief aus=
gehöhlt ist, über den unteren hereinhängt. Unter derselben wühlt sich
aus tiefblauen Löchern eine starke Quelle hervor, die eher ein Bach
zu nennen ist und nach einigen Schritten eine oberschlächtige Mühle,
die Almansmühle, treibt. Von dieser Wand weiß man eine kleine
Sage. An einem Sonntagsmorgen schöpfte die Müllermagd sich einen
Trunk aus dem klaren Gewässer; da hörte sie ein Klingen wie von
Geld in der Nähe. Sie schaute betroffen empor, und siehe, aus einer
Ritze des Felsens kollerte ein Thaler nach dem andern herab. Da
schrie das erschrockene Mädchen, und augenblicklich versiegte die Geld=
quelle. Ein altes Mütterchen sagte ihr nachher, sie hätte schweigen
und geschwind etwas Heiliges, z. B. einen Rosenkranz, darauf hin=
werfen sollen, der ganze Schatz wäre ihr gewesen.

Da wir schon lange genug hier weilen, und uns doch die Thaler=
ritze nichts spenden will; so wandeln wir von hinnen und lassen uns
im Dörfchen Inching den Wiesenweg zeigen, der uns zur Brunn=
mühle führt, wo eine zweite noch stärkere Quelle unter der Fels=
wand hervorbricht und unmittelbar auf die Räder der Mühle stürzt.
Von Inching bis zur Brunnmühle haben wir immer zur Rechten den
sanften Fluß an der Seite und links eine fortlaufende Bergwand, die

aus lauter wunderlich gestalteten Säulen, Thurmbildungen und Zacken besteht, welche höchst ergötzliche Vergleichungen veranlassen. In Walting begeben wir uns auf das rechte Altmülufer und wandern auf der Landstraße. Bald fällt uns jenseits des Flusses bei dem Dorfe Rieshofen ein hoher Thurm in's Auge, welcher nicht weit von der Altmül auf einer Wiese steht. Es ist ein Römerthurm, über dessen Bestimmung sich die Alterthumsforscher die Köpfe viel zerbrachen. Uns ist dieses einsam stehende Bauwerk durch das Schicksal eines Juden merkwürdig, welcher in demselben auf schauderhafte Weise sein Leben endigte.

In dem Dorfe Töging im unteren Altmülthale, zu welchem wir später noch kommen werden, wohnten bis in's 18. Jahrhundert mehrere Judenfamilien. Im Jahre 1689 nun stahl ein Bauerssohn, Namens Mathias Kornprobst, auf Anstiften und mit Unterstützung mehrerer Juden dieses Ortes aus der Kirche zu Riedenburg eine Monstranz, zwei Kelche und andere silberne Geräthe und verkaufte sie an den Juden Joseph von Töging. Der Räuber wurde ergriffen und erlitt den Tod durch das Schwert, der Jude aber, welchen der Delinquent als den Käufer des Raubgutes angegeben hatte, konnte weder durch Confrontation noch durch Peitschenhiebe zur Herausgabe des gestohlenen Schatzes bewogen werden. Deßhalb ward er von dem Pflegamte zu Riedenburg an das Eichstättische Halsgericht ausgeliefert. Dieses verfuhr gegen ihn mit haarsträubender Strenge und Grausamkeit. Sechzehnmal wurde er von dem Schergen Mathes übergezogen, d. h. auf die Folter gespannt, und erst jetzt gestand er, die heiligen Gefäße auf dem Artzberge bei dem Pfenninghofe vergraben zu haben. Man fand sie an der bezeichneten Stelle. Nun wurde der Jude zu langsamem Hungertode verurtheilt. Vergebens suchte ihn die Judenschaft von Töging mit großen Geldsummen loszukaufen. Man brachte ihn zu dem Rieshofer Römerthurme, der, ohne Thüren, Fenster und Dach, ihn als festgeschlossene Sterbestätte

Wellheim.

empfieng. Er ward mittels Seilen von oben in die Tiefe hinabgelassen.
Bei diesem furchtbaren Akte fand ein so ungewöhnlicher Zusammenlauf
des Volkes statt, daß mehrere Menschen im Gedränge das Leben ver=
loren. Man konnte den Verbrecher nur mit Mühe vor der Gewalt
der Menge schützen. Mehrere Wochen lang wurde der Thurm unter
Schimpf = und Spottgeschrei gleichsam belagert. Man warf dem Un=
glücklichen höhnischer Weise Schweinfleisch von der oberen Thurmöff=
nung hinunter. Von Tag zu Tag wurde ihm an Kost und Wasser
weniger hinabgegeben, und am 42. Tage erlag er seinen entsetzlichen
Leiden, am 26. April 1689. Man ließ seinen Leichnam an den Ket=
ten im Thurme liegen. Nicht die Blut = und Gräuelscenen des drei=
ßigjährigen Krieges sind es, welche die Herzen der damaligen Menschen
so sehr verhärtet hatten. Sie mochten wohl gleichgiltiger gegen Schmerz
und Elend der Mitmenschen gemacht haben; aber die eigentliche Ursache
scheint in der religiösen Aufregung jenes Zeitalters gelegen zu haben,
welche sich in Parteien zu stellen zwang und im Streite um die theuer=
sten Güter eine außerordentliche Hartnäckigkeit, Erbitterung, Wuth und
Verbissenheit erzeugte. Man war jeden Augenblick bereit, für seine
Glaubensstellung allen Schmerz und alles Leiden zu erdulden, und
achtete es nicht für unrecht, den Gegner mit gleichem Maße zu be=
zahlen. Dieser tief gegründete Trotz ward zur Gewohnheit auch für an=
dere Vorfälle des Lebens, und wir staunen bei der Lektüre jener Zeit=
ereignisse über die Standhaftigkeit, mit welcher die damaligen Menschen
die gräßlichsten Martern ertrugen. Es ist uns, als ob es damals
Nerven von Stahl in den menschlichen Leibern gegeben habe.

Wenn wir acht haben, können wir gleich außerhalb Walting zu
unserer Rechten bei einem Bergeinschnitte eine Felsenzacke gewahren,
welche uns das Profil des berühmten Mirabeau recht täuschend zeigt.
Das Thal, durch welches wir jetzt schreiten, hat hier eine ansehnliche
Breite und das niedliche Oertchen Isobrunn (von Iso, einem Manne
aus der Familie des heil. Willibald, sieh Bundschuh's fränk. Lexikon,

5. Bd. Seite 82) schaut aus ziemlicher Ferne herüber. An dem Dorfe
Pfahlspaint vorbei kommen wir nach Gungolding. Wenn
wir dieses Dorf hinter uns gelassen, erblicken wir rechts einen maje=
stätischen Felsen, der in der Waldhänge, schön mit Gesträuch bewach=
sen, in die Höhe ragt. Er heißt der Nonnenstein, und ein Bauer
wollte wissen, in dem Dorfe Hofstetten sei in alter Zeit ein Kloster
gewesen, und dessen Bewohnerinnen hätten bis an diesen Fels ihre
Spaziergänge gemacht. Wenn das richtig ist, so müssen diese Nonnen
rüstig zu Fuß und nicht von furchtsamer Natur gewesen sein. Denn
der Weg beträgt anderthalb Stunden und führt beständig durch dich=
ten Wald.

Schon lange haben wir das Dorf Arnsberg im Auge, über
welchem sich eine kolossale Felsenwand erhebt. Auf ihr sieht man eini=
ges Mauerwerk und ein Bauernhaus nebst Scheune. Im vorigen
Jahrhunderte stand darauf eine der schönsten alten Burgen, welche von
den Fürstbischöfen als Sommeraufenthalt benützt wurde. Noch vor
dreißig oder vierzig Jahren war sie eine Zierde der Gegend. Allein
sie gerieth in immer größeren Verfall, und mußte vor einigen Jahren
der Gefährlichkeit wegen vollends abgebrochen werden. Auch der römische
Bau, welcher in der Burg stand, ist zum Theil zerstört. Er war ein
Thurm von eigener Art, dergleichen nirgends in der Altmülalp vor=
kam. Von unten erhob er sich viereckig zu mäßiger Höhe. Dann saß
ein halbrunder Ueberbau darauf von starken Kragsteinen getragen. Wie
die Krönung des Werkes beschaffen war, erinnern wir uns nicht mehr.
Die noch stehenden Ueberreste zeigen den bekannten Bau aus Kropf=
steinen. Der Thurm erschien uns wie ein ganz frischer Bau, der,
vielleicht Jahrhunderte lang in die schwächeren Mauern des mittelalter=
lichen Werkes eingeschlossen, nunmehr nach der Zerstörung derselben
wie ein Jüngling in unversehrter Gestalt da stand. Seine Physio=
gnomie und sein eigenthümliches Wesen ließen uns keinen Augenblick
an seiner römischen Abkunft zweifeln. Von der Höhe dieses Burgfelsens

öffnet sich über die breiten Wälder hin eine weite Aussicht in das Donauthal und bis zu den Höhen von Neuburg. Ueber all' diesem schauen fern am Horizont die Alpen her.

Da, wo sich die Straße nach Arnsberg beugt, sehen wir, ehe wir nach dem Dorfe Arnsberg gelangen, unvermuthet zur Rechten sich ein schönes Thal öffnen, aus welchem ein munterer Gebirgsbach her= vor eilt. Es ist das Schambachthal und das Bächlein heißt die Schambach. Dieses romantische Gebirgsthal verdient vor vielen andern einen Besuch von uns. In einem Stündchen haben wir den Weg durch seinen schönsten Theil hin und her zurückgelegt, wenn wir nicht etwa so glücklich sind, in dem Wirthshause des Thales zu ein paar Forellen zu gelangen. Auf beiden Seiten ziehen uns schöne Fel= senbildungen an, höchst malerisch mit Föhren und Tannen und man= cherlei Buschwerk bewachsen. Das Geklapper von sechs nacheinander liegenden Mühlen bildet außer dem Gesange der Vögel die einzigen Laute in diesem einsamen Thale. Nach einem halbstündigen Marsche kommen wir zur Kirche des Thales, neben welcher kein anderes Ge= bäude als das Pfarr=, das Schul= und Wirthshaus stehen, eine be= deutsame Trias, durch welche Herz, Kopf und Magen ihre Befriedi= gung finden. Von Schambach wäre es ein nicht gar langer Weg zu der früher besprochenen Arnthöhle, welche sich in einem Walde nahe bei Attenzell befindet. Wir nehmen den Weg, den wir herwärts ge= folgt, wieder zurück und steigen gleich außerhalb Arnsberg den schiefen Bergpfad hinauf, der durch eine kurze Waldstrecke nach Kipfenberg führt. Schon nach einer halben Stunde geht es wieder zu Thal, und Kipfenberg stellt sich in höchst romantischer Lage dar. Wir weiden unsre Blicke an dem lieblichen Thale, an den Burgruinen mit dem stattlichen Römerthurme hoch auf dem Berge und an den erhabenen Dolomitwänden des Michelsberges, der von dem Burgberge durch ein felsenreiches Thal, das Birkthal, getrennt, sich nahe uns zur Rechten erhebt. Kipfenberg ist der Sitz eines Landgerichts und

Rentamts, und in früherer Zeit wohnte auf der Burg ein fürstbischöf=
licher Pfleger. Es gehörte einst der Familie derer von Kropf oder
Steuma, welche auch Flüglingen und Emetzheim bei Weißenburg
besaßen. Von ihnen kaufte das Hochstift den Markt und die Burg
im Jahre 1301. Im Anfange des 15. Jahrhunderts sollen Viele
des fränkischen Adels, die als Raubritter waren gefangen worden, in
den Gewölben dieser Burg eines blutigen Todes gestorben sein.
Ueberhaupt hört man aus dem Munde des Volkes über diese geheim=
nißvollen Ereignisse und von den Verliesen des Schlosses unheimliche
Gerüchte.

In dem ehemaligen Kastenhause war ein Bild aufgehangen, in
welchem die Scene dargestellt war, wie ein Schneider eine todte Geis
über die Mauer des Marktes hinauswerfen wollte, sich aber mit einem
Knopfloche im Horne des Thieres verfing, so daß die Geis außerhalb
der Mauer, der Schneider innerhalb derselben hing. Das soll zu dem
Spottnamen der Kipfenberger „Geishenker" Anlaß gegeben haben, oder
ist vielleicht die bildliche Darstellung dieser Neckerei gewesen. Da sie
aber nicht wohl paßt, so ist eine andere Erzählung wahrscheinlicher
und dem Volkshumor angemessener. „Die Kipfenberger kamen, weil
Friede im Lande war, die ganze Zeit nicht auf ihre Ringmauer. Da
bemerkten sie mit Staunen, daß schönes Gras droben gewachsen sei,
und meinten, das sei ein köstliches Futter für eine Geis. Nach viel=
fachem Wortstreite wurde beschlossen, es solle eine Geis auf die Mauer
gezogen werden, damit sie das Gras abfresse. Gesagt, gethan. Man
legte einer Geis einen Strick um den Hals, den man oben befestigt
hatte, und zog sie mit allen Kräften empor. Das Thier wurde da=
durch erwürgt, und es hing ihm die Zunge lang aus dem Maule.
Sie schmeckt (riecht) schon's Gras, riefen Einige freudig. Aber sie
fraß nicht, und als man näher zusah, war sie todt." Mit dieser
Erzählung werden die Kipfenberger von ihren Nachbarn geneckt, aber
sie vergelten es wieder, und so kommt es überhaupt, daß nicht allein

sie, sondern auch andere benachbarte Orte ihre Stücklein auf dem
Halse haben, womit sie geschraubt werden, und darum heißen die
Beilngrieser die Zwiebeltreter, die Berchinger die Hechten, die Greding=
ger die Thorabschneider, die Enkeringer die Galgentengler und die Eich=
stätter die Sausackschleifer.

Kipfenberg war eine Hauptstätte römischer Militäranstalten. Nicht
allein an der Stelle der Burg, aus deren Mitte sich heute noch der
unverwüstliche Thurm erhebt, sondern auch auf dem gegenüberliegenden
Michelsberge befanden sich namhafte Befestigungen. Gegen Norden
senken sich nahe an der Burg die Ueberreste der Teufelsmauer
hinab und ziehen hinter dem Pfarrhause bis an die Wohngebäude des
unteren Marktes, wo sie zwar verschwinden, aber jenseits der Altmül
bei der Ziegelhütte sich den Berg hinan nach Pfahldorf fortsetzen.
Hinter der Burg nach Südost sind im Walde gegen Gelbelsee hin
noch bedeutendere Ueberbleibsel zu finden. Die Erinnerung dieser gro=
ßen Vergangenheit, die sich mit dunklen Traditionen des Mittelalters
mischte, erzeugte absonderliche Sagen, deren eine, durch Localunrichtig=
keiten entstellt, in der Bavaria III. B. S. 921 zu lesen ist: „Auf
dem Schlosse zu Kipfenberg auf „Fedelesbug" (soll heißen: dem Vögels=
buck) saß dermaleinst ein mächtiges Geschlecht. Der Fedelesbug fällt
zur Altmül nieder und jenseits des Flusses (ist unrichtig und soll hei=
ßen: jenseits des Birkthales) erhebt sich nicht minder senkrecht der
Michaelsberg. Da, wo zur Zeit die Trümmer einer Kapelle und
Einsiedelei zu finden, soll auf dem Michaelsberge vor vielen Jahrhun=
derten gleichfalls eine Burg gestanden sein, die den Schloßherren von
Kipfenberg zugehörte. Da bauten sich diese eine Brücke von der Platte
des Fedelesbug auf jene des Michaelsberges, welche das ganze Thal
überspannte. Bei dem Riesenwerk, von dem nur noch die Sage übrig
ist, soll ihnen der böse Feind behülflich gewesen sein." „Dem Pfahl=
buck gegenüber ist der Michelsberg. Von der Schanz daselbst geht ein
schwarzer Pudel bis an die Altmül." (Panzer.)

Der Vorderbau der Burg wurde im J. 1865 auf Staats = und Gemeindekosten wegen drohenden Einsturzes abgetragen, da man die etwas mehr betragende Summe zur Wiederherstellung nicht zusammen= gebracht hatte. Wir fügen noch bei, daß die Quelle des Baches, der aus dem Birkthale kam, und durch Kipfenberg floß, im Juli 1865 versiegte und die dortige Mühle in Stillstand versetzt wurde. Dieß fiel auch im vorigen Jahrhundert zweimal vor, und das erstemal blieb die Quelle sieben Jahre lang aus. Wir haben darüber schon früher berichtet.

Wir verlassen Kipfenberg auf der Landstraße, wenden uns aber noch öfter um, das reizende Landschaftsbild zu beschauen, welches der Markt mit seiner Burg, im Hintergrund der Michelsberg und die waldbekränzten Höhen bilden. Dann setzen wir durch Grösdorf unseren Marsch in dem freundlichen Altmülthale fort. So kommen wir nach anderthalb Stunden in dem Pfarrdorfe Kinding an. Es hat eine gar schöne und anmuthige Lage an einer Stelle, wo sich drei, ja eigentlich vier Thäler und drei Gewässer vereinigen, die Altmül, die Schwarzach und die Anlauter. Von der südlichen Höhe am Irlahüller Wege gesehen, zeigt Kinding so recht den Charakter eines Gebirgsdor= fes, und der Blick des Betrachters weilt mit frohem Gefühle auf seinem Bilde. Hoch über dem Orte erhebt sich, mit einem Kreuze geschmückt, der Haunstetter Berg, an dessen Fuße ein klarer Bach aus dem Felsen bricht, eine Mühle belebt und das Dorf durchfließt. Von diesem Berge aus genießt man gleichfalls eine wunderliebliche Aussicht in das Thal der Schwarzach und in die Thäler, welche die Altmül gegen Kipfen= berg hinauf und gegen Unteremendorf abwärts bildet. Nirgends ist ein Fleck, der das Auge beleidigen könnte, überall Wiesengrün, blin= kende Flußkrümmungen, dunkle Wälder und in der Ferne ein paar niedliche Dörfchen. Wenn man von dem erwähnten Kreuze am Berg= rande etwas westlich geht, erblickt man auch den Eingang des Anlauter= thales und auf dem Berge darüber die Trümmer der Rumburg. Kinding brachte der Bischof Martin von Schaumburg 1561 durch

Kauf von den Löschen von Hillenhausen an das Hochstift. Es erhielt schon frühzeitig Marktrecht. Die Gewässer umher sind reich an schmack= haften Fischen, und überhaupt läßt sich in Kinding gut weilen.

Unser Weitermarsch führt uns gegen Westen durch das Dorf und über die Schwarzachbrücke. Jenseits derselben schlagen wir den Fuß= pfad rechts ein, der uns in einer Viertelstunde nach Enkering bringt. Hier empfängt uns das schmale Anlauterthal und wir befinden uns ganz eigentlich im Gebirge. Denn in solcher Wahrheit wie in Enkering hat in unserer ganzen Altmülalp keine Lage eines anderen Ortes das Gebirgsgepräge. Das Dorf ist zwischen zwei hohe Berge eingeschlossen, von denen der westliche sammt seinen Hängen mit Wald bewachsen, der östliche aber durchaus mit einer Rasendecke und allerlei Felsengruppen geziert ist und eben dadurch den eigenthümlichen Eindruck erhöht. Durch das Gewässer der Anlauter ist der Ort in ausgeflach= tem Rinnsale durchzogen und mehr als ein Dutzend höchst primitiver großer und kleiner Stege vermitteln den Verkehr der Einwohner. Dort oben rechts schauen die Ruinen einer Burg zwischen hohen Waldbäumen und Gebüschen hervor. Es ist die Rumburg. Ihr gegenüber auf dem östlichen Berge, wo man noch einige Schanzwerke nebst Graben findet, hat wahrscheinlich eine zweite Burg gestanden, die Schallen= burg. Auf der Rumburg ist es nicht geheuer. Die Bavaria III. B. S. 939 erzählt: „Auf der Romburg bei Enkering im Anlauterthale sitzt ein schwarzer Pudel, welcher eine Truhe mit Gold und Edelsteinen bewacht. Er hat den Schlüssel zur Truhe im Maule. Wer in der Walburgisnacht hinaufgeht, ohne ein Wort zu reden, kann den Hund verjagen, der dann den Schlüssel fallen läßt. Ihm stehen dann die Schätze zu Gebote.“

Enkering hatte einst eine adelige Familie gleiches Namens. In einer Urkunde des Jahres 1189 kommt ein Rudger von Angeringen als Zeuge vor. Später war es im Besitze der Herren von Absberg. Im Jahre 1374 ertheilte Kaiser Karl IV. dem Ritter Heinrich von

Absberg das Privilegium, Enkering zu einer Stadt zu machen, es zu
befestigen, einen Wochenmarkt einzuführen und Stock und Galgen zu
errichten. Mit der Stadt wurde es nichts, aber der Galgen wurde
errichtet. Allein er scheint wenig gebraucht worden zu sein. Denn
die Enkeringer tengelten auf den Balken desselben ihre Sensen und er=
hielten davon den Namen Galgentengler. Von Johann von Absberg
zu Rumburg, welcher Domherr zu Eichstätt war, kaufte Bischof Moritz von
Hutten diese Herrschaft im J. 1546. Das wollte die andere Linie
der Absberger nicht dulden und verhinderte den Käufer an der Besitz=
nahme durch Prozeß, Ränke und im Bunde mit mehreren anderen
Rittern durch Gewaltthaten 18 Jahre lang, bis nämlich ihr Manns=
stamm ausgestorben war. Auch ein Bild von dem damaligen Zustande
des deutschen Reiches und der Unmacht seiner Justiz. In alter Zeit
wohnten, wie die Tradition meldet, Juden in dem Orte und hatten
einen Begräbnißplatz auf einer nahen Anhöhe.

Unser Weg geht nun über einen der Stege auf das linke Ufer
der Anlauter, um auf einen bequemen Wiesenpfad zu kommen. Hier
stoßen wir auf eine starke Quelle, welche nahe am Orte hervorsprudelt
und nach sehr kurzem Laufe sich mit der Anlauter vereinigt. Sie
heißt Salach. Die Berghänge zu unserer Rechten ist ganz mit Buchen
und Gebüschen bewachsen und voll anf einander gewälzter Felsen, voll
Löcher und Klüfte, wodurch sie ein großartiges aber unheimliches Ans=
sehen erhält. Sie heißt die Diebsleite (Leite bedeutet in hiesiger
Landessprache Berghänge) und mag in früherer Zeit ihren Namen
wohl verdient haben. Wir wandeln nun fast immer über Wiesen neben
der Anlauter, deren Ufer meistens mit Weiden = und Erlengebüschen
bewachsen sind. Der Lauf des Baches ist äußerst schnell und wir be=
merken, daß er häufig über Wasserschnellen herabeilt, die er murmelnd
und schäumend zurücklegt. Der Weg durch das Thal, dessen Berg=
hänge ununterbrochen auf der südlichen Seite mit düsteren Fichtenwal=
dungen, auf der nördlichen mit Buchen besetzt sind, hat ungemein viel

Erquickliches. Zuerst gelangt man an eine Mühle, die Schlößl=
mühle, dann zu einem Einödhofe, der Schlößlhof genannt. Hier
hatten die alten Fürstbischöfe ein Jagdhaus, von wo sie auf die Bürsche
gingen. Eine ganz geeignete Lage. Weiter hinauf im Thale folgt
wieder eine Mühle und dann der Weiler Schafhausen, dessen An=
blick von Weitem einen viel bedeutenderen Ort verspricht. Wir lassen
ihn zur Linken. Nicht weit von diesem Oertchen, links auf der Berg=
spitze gegen Erlingshofen hin, findet man im Walde noch einige Mauer=
reste einer Burg, von der sich außer dem Namen Wieseck nichts
Geschichtliches erhalten hat. Wahrscheinlich war sie der Sitz der Herren
von Schafhausen, von welchen zwei in Urkunden der Jahre 1496 und
1526 genannt werden.

Von Schafhausen wendet sich das Thal nördlich, und wir kommen
auf einem Wiesenpfade, an dem kristallklaren, quellenreichen Pfaffen=
weiher vorbei, zu dem Dorfe Erlingshofen. Auf einem gegen
Osten liegenden Berge, der zwischen zwei anderen etwas tiefer zurück=
tritt, schimmern durch hohe Waldbäume die Ruinen der Burg Run=
beck, die von der Gestalt ihres Baugrundes mit Recht diesen Namen
trägt. Nicht weit von dieser hat nach der rechten Seite hin die Burg
Stoffenberg gestanden. Trümmer von ihr findet man im Walde,
dem ehemaligen Wieseck gegenüber. Am Ende des kleinen Thales,
welches sich nördlich gegen Euerwang hinaufzieht, befand sich eine an=
dere Burg, welche das Landvolk mit dem Namen „die Feste" be=
zeichnet. Am westlichen Ende des Anlauterthales sehen wir die Trüm=
mer der Burg Brunneck. Eine reich mit Rittern gesegnete Gegend!
Wenn wir die Burg Brunneck als Mittelpunkt setzen, so reihen sich
um sie, ohne daß die äußersten weiter als drei Stunden entfernt waren,
25 Rittersitze im Umkreise. Der Seltsamkeit und des historischen
Interesses wegen geben wir sie nach der Ordnung ihrer Lage an: Tit=
ting, Bürg, Raitenbuch, Bechthal (Waldeck), Gebersburg, Landeck,
Morsbach, Hausen, Greding, Bleimerschloß, Liebeneck, Rumburg,

Schallenburg, Kinding, Pfraundorf, Emmendorf, Pfahldorf, Kipfen=
berg, Arnsberg, Hofstetten, Pfilnz, Rieshofen (Rauchshofen), Pfahls=
paint, Gözelshart, Wieseck, Stossenberg, Euerwang, die Feste.

Nach einer Wanderung von einer Viertelstunde sind wir in Alt=
dorf, einem kleinen Pfarrdorfe. Ein Pfad führt uns quer durch das
wasserreiche Thal über eine Wiese an den Berg, wo eine klare frische
Quelle, der Blaubrunnen, aus einer wohl gefaßten Grotte her=
vorquillt. Unmittelbar daran führt uns ein Bergpfad zu den hoch
herabschauenden Ruinen der Burg Brunneck empor. Wir gehen an
einer Bauernwohnung vorüber, welche einsam nahe an der Burgmauer
liegt, und wenden uns dann weiter oben rechts um die Burg bis an
eine Stelle, wo uns die Ruine mit dem Burggarten ein äußerst ma=
lerisches Bild zeigt. Die Aussicht von da in das idyllische Thal bietet
eine der lieblichsten Landschaften dar. Zwei recht hübsche Dörfchen,
eines gerade unter uns am Fuße des Berges, das andere am Ende
des kurzen Thales, über demselben auf der Höhe nur ein wenig sicht=
bare Trümmer der Burg Rundeck in Baumverzweigung, ringsum dunkle
Waldsäume und im Thalspiegel die grünen von dem muntern Flüßchen
bewässerten Wiesen, — man hat ein herrliches Landschaftsbildchen in
tiefgeschnittenem Broncerahmen. Nahe bei unserem nächsten Dörfchen
rauscht friedlich eine Mühle, die Furtmühle. Ueber ihr an der
Hänge eines kleinen Bergeinschnittes ist das Furtloch, eine Höhle
am Fuße eines thurmförmigen Felsens. Sie hat nur etwa 12′ im
Durchmesser und gegen 30′ Höhe, ist pyramidalisch gebildet und zeigt
rauhe tropfsteinartig überzogene Wände. „Darin hausten einst die
Furthfräulein oder „Wichteli.“ Die waren nackt und arbeiteten des
Nachts bei'm Müller. Einmal belauschte sie der Furthmüller bei der
Arbeit, und da er merkte, daß sie nackt seien, so ließ er Kleider für
sie machen aus Dankbarkeit für ihr Schaffen. Die legte er ihnen des
anderen Tages zurecht. Darauf sind sie ausgeblieben und seit der Zeit
nicht wieder gekommen.“

In Brunneck saß einst ein eigenes davon benanntes Rittergeschlecht. Andreas und Gottfried von Brunneck begleiteten den Kaiser Ludwig den Bayer auf seinem Römerzuge. Wenn wirklich, wie historische Spuren vermuthen lassen, in der Vorzeit ein Straßenzug aus Schwaben über Weißenburg durch das Anlauterthal nach Regensburg ging, so ist der Anbau mehrerer Ritterburgen auf den Berghöhen dieses Thales leicht erklärlich. Sie waren eben Räuberburgen. Die Burg Brunneck ward von dem Bischofe Philipp von Rathsamshausen wegen Räubereien seiner Besitzer im Anfange des 14. Jahrhunderts zerstört. Die Landleute der Gegend erzählen, in alter Zeit sei von der Burg Rundeck zur Burg Brunneck ein Drahtzug gegangen, mit welchem sich die Ritter, wenn ein Wagen oder Wanderer des Weges gekommen, das Zeichen zum Raube gegeben hätten. Die Herren von Erlingshofen hatten ihren Sitz auf Rundeck. Die Burg Brunneck wurde nach ihrer Zerstörung wieder aufgebaut und kam mit Rundeck endlich durch Kauf an das Hochstift. Wann und wie sie wieder zur Ruine ward, verkündet keine historische Angabe. Vor etwa 45 Jahren erzählte dem Verfasser dieses Buches ein bereits 86 Jahre alter Bauer von Altdorf, seine Großmutter, welche über 90 Jahre alt geworden, habe ihm als Bube oft erzählt, sie sei als kleines Mädchen mit ihrer Mutter noch in die Burgkapelle von Brunneck zur Messe gegangen. Im Schlosse habe ein altes lediges Fräulein gewohnt und sei nach ihrem Tode in der Kirche zu Bechthal begraben worden.

Wir lassen noch einmal die vergnügten Blicke über die kleine Land= schaft schweifen, deren Dorf Altdorf und Burg Brunneck uns an Tells Heimatland erinnern, und schlüpfen dann auf einem Fußpfade in das gleich oberhalb der Burg beginnende dichte Gehölz, dessen Schatten uns eine halbe Stunde lang umfangen. Bei'm Heraustreten aus dem Walde empfängt uns eine sonderbare Erscheinung. Zur rechten hart am Wege sehen wir eine flache Felsendecke, welche durch eine Menge von Spalten zerklüftet ist, zwischen denen hie und da Gesträuche und

Bäumchen wurzeln. Sie dehnt sich wohl über ein Drittel Tagwerk aus. Bei näherer Untersuchung gewahrt man einzelne aus dem Verbande gehobene Steinblöcke, deren oberer Theil abgeplattet ist, so daß man die Arbeit von Menschenhänden vermuthen könnte. Das Ganze bildet gleichsam einen ganz gleich horizontal gelegten Boden aus Dolomitgestein. Analoge Steinbildungen an anderen Orten, wenn gleich mit unbedeutender Ausdehnung, führen zu der Ansicht, daß man es dennoch hier mit einer Arbeit der Natur zu thun habe. Jedenfalls aber wäre die Sache einer näheren Erforschung werth.

An dem Einödhofe Herlingshart vorbei kommen wir auf's Neue in einen Wald, durch welchen die Landstraße von Eichstätt nach Greding zieht. Hier befindet sich am Wege eine Denksäule, welche uns meldet, daß wir an dieser Stelle auf der Teufelsmauer stehen. Die Aufschrift der Säule gibt uns die nöthige Kunde. Sind wir auf einem links abführenden Seitenpfade etwas weiter geschritten, so steht rechts eine Kapelle, dem hl. Antonius geweiht. Das Landvolk bezeichnet den Platz mit dem Ausdrucke „bei'm Antoni." Alle Jahre wird hier am 13. Juni ein feierlicher Gottesdienst gehalten, welcher bei schöner Witterung in diesem duftigen Walde, begleitet von lebhaftem Vogelgesange und bei der Menge des anwesenden betenden Landvolkes ungemein erhebend ist.

Wir gelangen zu dem Pfarrdorfe Wachenzell, das wir gleich zur Rechten umgehen können, und dann nach Wörmersdorf, welches sich mit dem daranstoßenden Pfarrdorfe Pollenfeld von unserer Seite als Eine ansehnliche Ortschaft präsentirt. Die Kirche in Pollenfeld, ehemals Wallfahrt zum hl. Sixtus, ist ein gothischer Bau und wegen mehrerer alten Kunstwerke sehenswerth. Man findet darin alte Glasmalereien und ein zierliches Sakramentshäuschen aus Stein. Der alte gothische Hochaltar, woran die Flügel fehlen, enthält im Schreine fünf Statuen. Das Westportal ist in schönem spätgothischen Style gebaut.

An der Straßenscheide, außerhalb der beiden Dörfer, genießen wir, wenn wir uns umwenden, einer weiten Aussicht nach Norden und Westen, durch welche uns eine Menge Ortschaften zu Gesichte kommen. Ehe wir an das Dorf Preith gelangen, verkündet uns eine zweite Denksäule, daß wir über eine Römerstraße wandeln. Auf der Höhe, nahe einem schönen aus Eisen gegossenen Crucifixe, können wir bei geeignetem Wetter die lange Kette des Hochgebirges am fernen Horizonte erblicken. Der Weg senkt sich allmälig in's Thal nieder, und wir befinden uns zum zweitenmale in Eichstätt.

Das Ziel unserer weiteren Reise ist das Schutterthal, wohin wir den Weg über den Prinzensteig auf den Frauenberg und nach Wasserzell einschlagen. Von da bedürfen wir eines Führers, der uns zum Schweinsparkhause und von diesem auf einem Seitenpfade zu dem Dörfchen Ried bringt, — ein schöner Weg, anderthalb Stunden lang, durch lauter Waldesduft. Wir wandern hier durch den Witmes, eine mehrere tausend Morgen enthaltende Waldstrecke. Er ist bekannt durch den Fall von Meteorsteinen, der in den Achtzigerjahren des vorigen Jahrhunderts stattfand. In vielen Naturalienkabineten findet man Stücke derselben. Kommen wir aus dem Gehölze hervor, so stehen uns die großartigen Bergwände des Dolnstein=Niederthales gegenüber. Je näher wir ihnen kommen, desto klarer enthüllet sich uns ihre Schönheit. Schroffe Felswände und Kuppen erheben sich in lange fortlaufender Linie. Die sonderbarsten Gestalten und Zacken ragen empor, unterbrochen von Klüften und Schründen und überall mit mächtigen Buchen und Gebüschen geschmückt. Die Abwechslung dieser malerischen Gebilde ist so groß, daß das Auge nicht müde wird, ihnen immer wieder auf's Neue zu folgen, wiewohl sich das Schauspiel eine geographische Stunde weit fortsetzt. Wäre die östliche Seite des Thales mit gleichen Reizen geschmückt, so könnten sich wenige mit ihm an Schönheit messen. Der Wald, an dessen Bergrand sich diese grotesken Gebilde darstellen, heißt der Leichsen=

hart und breitet sich weit auf dem westlichen Plateau aus. Er ist
uns höchst ehrwürdig als eine fast noch jungfräuliche Gegend, wo unsre
Altvordern nach ihren Sitten und Einrichtungen in den ältesten Zei=
ten frei und ungehindert lebten. Dort die Berghöhe gegen Norden ist
die Thorleite, ein Name, der von Thor, dem hohen Donnergotte
der alten Deutschen, Zeugniß gibt. (Der Thorfelsen bei Unter=
emmendorf, sowie der Name des Dorfes Dörndorf, ehemals Toren=
dorf, deuten auf denselben Ursprung. Der Name zu den Thor=
sulen, Thorsäulen, kommt häufig vor in alten Rechtsbüchern von
Bayern, wo er die Bedeutung von Malstätten, d. h. Gerichtsstätten,
hatte, z. B. die Thorsulen von Staufenhart, von Meulnhart, von
Gundelsheim. Die Denksäulen des Gottes Thor scheinen als heilige
Punkte für Abhaltung der Gerichtspflege erkoren worden zu sein.)
Wenn man gegenüber dem Dörfchen Ried vom Bergrande tiefer in
den Wald bringt, stößt man bald auf einen Ringwall von 600' Länge
und 500' Breite. Er besteht aus unbehauenen Steinen und Felsstücken
und ist drei bis sechs Fuß hoch. Wahrscheinlich diente er zum Zwecke
von Gottesverehrung, von Volksversammlungen und Gerichtsverhand=
lungen. In der Nähe und in den Wäldern um das Dorf Hauns=
feld befinden sich eine Menge von altdeutschen Grabhügeln.

Ehe wir das Dörfchen Ried verlassen, wollen wir einen Blick
auf den Weg zurückwerfen. Da ereignete sich einmal etwas Wunder=
bares: „Es stehen auf dem Wege Steine vor, so daß es dem Bruch=
stück einer gepflasterten Straße gleichsieht. Davon erzählt das Volk:
Eine Bäuerin in Ried hatte dem Teufel ihre Seele verpfändet. Als
sie zu sterben kam, überfiel sie die Reue, und sie ließ den Kaplan
von Dolnstein holen. Dem widersetzte sich der Teufel, aber der Kaplan
wußte ihn zu bändigen und brachte es selbst dahin, daß ihm der böse
Feind auf dem sumpfigen Wege bis nach Ried Steine vor die Füße
warf und ihm also die Straße bahnte. So ward die Bäuerin des
Sakramentes theilhaftig, und der böse Feind war um die Seele betrogen.“

Nun betreten wir eine Gegend, welche so recht einen romanti=
schen Charakter hat und nach unserem Urtheile, besonders bei Well=
heim, einen Glanzpunkt der Altmülalp bildet. Hier zur Rechten die
beiden Wielandshöfe am Fuße des felsenreichen schönbewaldeten
Berges erinnern an das alte Geschlecht der Wielande, welches in der
Mitte des sechzehnten Jahrhunderts sich in dieser Gegend verlor. Oben
am Berge war ihr Wohnsitz, der Wielandstein, welcher aus zwei
kleinen Burgen bestand, man findet kaum erkennbare Reste derselben.
Das Landvolk weiß davon folgendes zu erzählen: „Die einzige Tochter
des letzten Ritters von Wieland, der hier noch seinen Sitz hatte, lebte
in eitler Pracht und Hochfahrt. Ihr Hauptgeschäft war, ihre goldge=
ringelten langen Haare zu strählen, und alles Zureden gegen solche
Zier verfing bei der eitlen Maid nicht. Allein die Strafe blieb nicht aus.
Verwunschen sitzt sie in der Höhle des Felsenloches, bis sie erlöst
wird, und gar Viele haben sie an sonnigen Tagen sitzen sehen, wie sie
ihre Haare strählt, ihre Hochfahrt abbüßt und die Zeit ihrer Erlösung
abwartet. Da fügte es sich einmal, daß von der Spindelthalstraße
her Fuhrleute mit Salzwägen kamen und die Jungfrau in dem Fel=
senloche niesen hörten. Sie riefen: Helf' Gott! Da aber die Jung=
frau noch zehnmal nieste, sprachen die Fuhrleute: Da muß ein An=
derer helfen. Die Jungfrau aber seufzte tief auf; denn hätten die
Fuhrleute nur noch einmal „Helf' Gott" gerufen, so wäre die Jung=
frau erlöst gewesen." (Schöppner.)

Dort rechts mündet ein stilles Waldthal ein, das Spindel=
thal, in welchem weiter oben die nicht unansehnlichen Ruinen einer
ehemaligen Wallfahrtskirche ganz einsam stehen. Dieses Thal hat eine
Länge von einer Meile. Je näher wir gegen Kunstein vorwärts schrei=
ten, desto mehr schieben sich etwas links riesige Felsen in langer Reihe vor.
Wir werden sie von einer anderen Seite her in erhabenster Schönheit
kennen lernen.

Der Anblick von Kunstein und seiner Umgebung hat sehr viel

Malerisches. Man kann nicht leicht schönere Felsenkegel und am Berge hervortretende Hügel sehen, als sich hier dem Auge darbieten. Ueberall wohlthätiges Grün von Gebüsch und Wald und in der Ferne das Dertchen Aicha, lieblich hineingesetzt zwischen den Galgenberg und die gigantischen Felsenwände des Rammerberges. Mitten zwischen den Häusern Kunsteins ist wie in Dolnstein ein länglicher Felsen gelagert, auf welchem die Burg stand. Jetzt sind nur noch wenige Trümmer vorhanden, und auf der Höhe ist ein kleiner Pavillon errichtet, von welchem man eine sehr anziehende Aussicht hat. In den unteren ge= wölbten Räumen befindet sich jetzt ein Sommerkeller, dessen Eingang, Vorplatz und Zechraum ein hübscher Gegenstand für einen Maler wäre. In der Burg wohnte der Pfleger des herzoglich Neuburgischen Amtes Kunstein. Einer der letzten dieser Beamten war Jakob Freiherr von Leoprechting, ein sonderbarer aber wackerer Mann, der ein seltsames Schicksal erlebte.

„Als Offizier eines bayerischen Kavallerieregiments bekam er im Felde die Nachricht, daß seine Gattin Amalie gestorben sei. Dieser verfrühten Nachricht zufolge heirathete er ein Fräulein von Sonnenfels, nahm bald darauf seinen Abschied vom Militär und kam mit seiner Gattin nach Kunstein; doch wie erstaunte er, als er hier seine Ge= mahlin am Leben und von einer schweren Krankheit genesen erblickte. Er verließ nun seine zweite Gemahlin und erkannte die erste wieder als die rechtmäßige an. Diese aber hörte bei der geistlichen Obrigkeit so lange nicht zu bitten auf, bis auch die zweite die Erlaubniß erhielt, bei ihr im Pfleghause zu wohnen. Ihr Gemahl gab sein Ehrenwort dazu, der wahren Gemahlin treu zu bleiben. Die zwei Frauen wohn= ten in zwei Zimmern neben einander, keine herrschte über die andere, die erste nahm sich vielmehr um die Erziehung des indeß geborenen Töchterleins Karoline der zweiten an wie die eigene Mutter selbst. Dieß Verhältniß dauerte zehn Jahre. Da starb die erste und bat noch auf dem Todtenbette ihren Mann, die zweite zu heirathen, was auch

Fereching.

geschah." (Böhaimb.) Hier haben wir, nicht als Sage, sondern in
Wirklichkeit, die Geschichte des Grafen von Gleichen, aber reiner und
zarter, ein schönes Bild kernhafter edler Liebe und sittlicher Kraft.
Die moderne Welt belächelt wohl diese altmodische Einfalt. Sie mag
es, da sie zu schwach wäre, sie nachzuahmen. Wir haben aber von
unserem Leoprechting noch zu berichten, wie er sich als Pfleger benahm.
„Das Amtiren lernte er von seinem Schreiber Walk nach seinem eige=
nen Geständnisse. Auf Geldstrafen hielt er nichts, desto mehr auf
Leibesstrafen und übte die Polizei selbst aus. Die Polizeistunde ließ
er im Wirthshause zu rechter Zeit ansagen, befolgte man seine Befehle
nicht, so griff er zu einer gewaltigen Reitpeitsche und jagte alles aus=
einander; dieselbe Reitpeitsche, in der Hand eines Mannes von selte=
ner Größe und Körperstärke, übte auch bei Raufereien ihre Macht
aus. Alles stob auseinander, sobald man den gestrengen Herrn kom=
men sah. Es ging bei ihm alles militärisch zu. Für das Wohl der
Unterthanen war er sehr besorgt, ging in der Landwirthschaft selbst mit
dem guten Beispiele voran, und alles, was er anfing, gelang. Er
war glücklich in der Viehzucht und äußerst thätig in der Bodencultur.
Zu diesem Ende ließ er eine Menge Felsen und Blöcke sprengen, ent=
wässerte nasse Gründe durch Gräbenziehung, legte schöne Anlagen an,
und Viele, die ihm nachfolgten, wurden vermöglich und lernten den
Betrieb der Oekonomie." (Böhaimb.) Der Mann mit der Reitpeitsche
war doch so übel nicht! Er starb 80 Jahre alt im J. 1792, seine
erste Frau 20 Jahre früher im 97. Lebensjahre. Alle drei sind begra=
ben in der Kirche zu Kunstein, wo noch einige andere adelige Per=
sonen beigesetzt sind. Auch seine und seiner Frauen Grabschrift soll
hier nicht fehlen; denn der Verfasser derselben hatte gleichfalls ein
gesundes Herz. Sie lautet:

Wer gar zu bieder denkt, ist zwar ein braver Mann,
bleibt aber, wo er ist, kommt selten höher an.
Der redlich hat amtirt und ehrlich ist gestorben,
hat einen Himmel hier und einen dort erworben.

10

Schweiß und Maas in ihrem Thun
und Gottesfurcht dabei
erhielten frisch und gsund,
die ruhen hier, all drei.

Der Besuch der Glashütte im Dorfe, welche mit voller Thätig=
keit betrieben wird, gewährt durch den Anblick der hübschen Arbeit
Interesse und Vergnügen. Man macht nur Hohlglas, welches zum
Theil in einer dabei befindlichen Glasschleiferei auch geschliffen wird.

Ein Steig über den Berg könnte uns schnell nach Wellheim brin=
gen; allein wir haben, um gar viel Schönes zu sehen, einen längeren
Umweg zu machen. Wir wandern daher auf der Straße, die durch
den Witmeswald nach Eichstätt führt, gemächlich bis zu der Stelle
aufwärts, wo der Wald auf der rechten Seite endet. Da schlagen wir
unseren Weg in eben dieser Richtung längs des Waldsaumes ein und
kommen zu einem Gehölze junger Bäume, durch welche hindurch, wenn
wir achthaben, uns nach der rechten Seite hin ein äußerst reizendes
Landschaftsbild entgegenschimmert, — Wellheim mit seiner Burgruine am
Schlusse einer üppigen Wiesenfläche. Doch wir verweilen nicht lange;
es erwartet uns noch Schöneres. Wir bringen ohne Bedenken auf dem
nächsten besten Wege im Gehölze so lange vorwärts, bis wir an einen
stark ausgetretenen schmalen Querpfad gelangen, der uns nach der rech=
ten Seite immer durch Jungholz abwärts führt. Auf einmal erheben
sich vor uns mächtige Felsenhäupter, die uns eigenthümlich anmuthen.
Wir glauben Ungeheuer zu sehen, die sich hier oben am Bergrande zur
Lauer gelagert haben und in Stein verwandelt worden sind. Wir
richten unsre Schritte weiter abwärts in eine enge Schlucht, wo uns
ob der Großartigkeit und Einsamkeit des Anblickes ein angenehmer
Schauer erfüllt. Auf beiden Seiten sehen wir uns von himmelhohen
Dolomitfelsen umgeben, welche wie gewaltige Riesen in langen weiß=
grauen Gewändern dastehen und vor der friedlichen Landschaft und
ihren Burgen Wache halten. Weiterhin zur Rechten sieht man die

Felsenkolosse des Rammerberges wie Coulissen vorgeschoben. Aus der Schlucht hervor erblickt man über den waldbewachsenen Galgenberg hin die Burg Wellheim mit dem Markte, die Kapelle des Kreuzles= berges und weiter rechts das niedliche Kunstein mit seinem sanften Thale. Doch wir steigen zu dem Weiler Aicha (die Einwohner nen= nen es Moicha) nieder und treten die Wanderung zu dem Berge an, auf welchem die Reste der „alten Burg" liegen. Er muß von der linken Seite durch den Wald etwas mühsam erstiegen werden. Gleich am Fuße des Berges begegnet uns ein ganzes Chaos der sonderbar= sten Felsenblöcke, weit auf die Hänge hinan über und neben einander geworfen. Wenn man sich an einem tief zerklüfteten mit Epheu be= wachsenen gewaltigen Felsen vorbei auf die Bergplatte emporgerungen hat, kommt man mittels eines schmalen Zuganges zu den Trümmern der Burg (Altenstein). Man kann zwar noch ihre Abtheilungen erkennen, aber die Mauerreste sind niedrig und alles mit dichtem Moose bedeckt. Die Aussicht jedoch, die sich hier von dem hohen, steilen Felsenrande über die Burg Wellheim bis Gamersfeld, dann über Aicha und Kunstein zum Spindel= und Beckenthale aufthut, überall von den herrlichsten Wäldern eingefaßt, ist, besonders in abendlicher Beleuchtung, wahrhaft entzückend zu nennen. Es gibt nicht leicht eine schönere Berglandschaft. Doch, nachdem wir genug geschwelgt in dem hohen Genusse, setzen wir unsere Wanderung gegen Süden fort und erreichen die Landstraße, die von Hart nach Wellheim führt. Auf dem Wege dahin wollen wir die wunderliche Sage vernehmen, welche sich das Landvolk von der alten Burg erzählt.

„Vor alten Zeiten lebte auf der alten Burg, die zur Herrschaft Kunstein gehörte, ein Ritter Namens Groß. Dieser hatte zwar nur ein einziges Kind, eine Tochter, die aber außerordentlich häßlich und durch garstiges rothes Haar entstellt war. Unglücklicher Weise war der Vater auch arm, so daß kein Mann daran dachte, sie zu freien. Darüber war das Fräulein tief betrübt. Nun begegnete ihr im Walde

einmal ein ihr unbekannter Jäger und fragte sie, warum sie denn gar
so traurig sei. Ach, erwiderte sie, warum soll ich es nicht sein, da
ich nicht schön bin und kein Geld habe? Da sprach der Jäger: Ich
mache dich schön und reich, wenn du mir deine Seele verpfändest, daß
ich sie nach drei Jahren erhalte. Das Fräulein fragte, wer er sei
und wie er heiße. Wenn du meinen Namen herausbringst, antwor=
tete der Jäger, so schenk' ich dir deine Seele, die ich sonst nach drei
Jahren hole. Das Fräulein ging darauf ein, und als sie in's Schloß
kam, war sie wunderschön und in kurzer Zeit auch reich. Jetzt kamen
der Männer eine Menge, welche sie haben wollten, und einen davon
heiratete sie auch. Endlich aber rückte die Zeit immer näher, da der
fremde Jäger ihre Seele holen sollte. Ihrem Manne, mit dem sie
sehr glücklich lebte, hatte sie die schlimme Sache verschwiegen. Jetzt
aber wurde ihre Angst immer größer, und sie vertraute ihr unglück=
seliges Geheimniß ihrem alten treuen Burgjäger an. Dieser lief Tag
und Nacht im Walde herum und suchte den beschriebenen Jäger. Enb=
lich einmal sah er, hinter einem Gebüsche stehend, einen Jäger, der
aber ein kleiner Bursche wie ein Zwerg war. Derselbe ging auf die
Burg zu, sprang dazwischen öfters in die Höhe und schrie:

> Wie mich das Ding jetzt freut,
> daß d'Fräulein nit weiß,
> daß i Silfingerl heiß.

Ha, dachte der Jäger, jetzt ist geholfen. Schnell lief er hinweg,
und sagte seiner Gebieterin, was er gesehen und gehört habe. Als
nun der kleine Bursche kam, redete ihn die junge Frau gleich an: Ei,
Silfingerl, bist du da? Wie der Teufel — denn der war er — diese
Worte vernahm, verschwand er sogleich und hinterließ einen so abscheulichen
Gestank, daß man es in der Burg kaum aushalten konnte. Und
noch heute sehen die Hirten und Kohlenbrenner im dortigen Walde,
besonders zu heiligen Zeiten, einen schrecklichen Spuk und luftigen
Tanz der Geister, unter denen allemal der Silfingerl ist, und ohne

sechsmal das Kreuz zu machen, geht überhaupt kein Mensch auf die alte Burg."

Nun haben wir Wellheim vor uns und rechts die Burgruinen auf dem grotesken Felsenstocke, links den Kreuzlesberg mit der steilen mächtigen Dolomitwand, ein Anblick, der die Seele des Beschauers mit den erfreulichsten Empfindungen ergreift, mit Empfindungen, die dem Herzen lieb sind und durch die gierigen Blicke immer auf's Neue mit Lust geweckt werden. Man wünscht sich ein solches Bild durch den Pinsel des Malers fixirt, wenn er sich gleich nach den Gesetzen der Kunst gegen die Aufgabe sträubt, in welcher er des stufenweisen Zurücktretens der Entfernungen und des Schlusses einer luftreichen tiefen Perspektive entbehren müßte. Allein alle diese Gründe genügen unseren Wünschen und Anschauungen nicht als Widerlegung. Es ist uns, als ob solch eine Landschaft, in aller natürlichen Treue, mit allen ihren feinen Reflexen und Tönen und Lichtspielen auf die Leinwand gezaubert, weil sie in der Natur so ergreifend wirkt, auch als Kunstwerk auf gerechte Geltung Anspruch haben müßte. Hätten wir nur ein solches Bild von ihr, — mit den ästhetischen Kunstfoderungen wollten wir uns in billiger Weise zurecht setzen.

Wir gehen durch den Ort, der auf den Namen eines Marktes einen nur sehr bescheidenen Anspruch machen kann, nach Norden hin an eine Stelle, wo uns in dem Massenbau der Felsenwand eine außerordentliche Naturschönheit, ein herrliches, großartiges Felsenthor erwartet. Sein Bogen, welcher in einem Theile des Burgfelsens eingewachsen ist, legt sich hoch und majestätisch hinüber und wird nach Innen allmälig kleiner, bis endlich noch eine Oeffnung von etwa 20 Fuß im Durchmesser übrig bleibt, durch welche der blaue Himmel herabschaut. Der Anblick dieses Thores bewirkt einen um so stärkeren Eindruck, als man ihn vom Fuße des Berges in bedeutender Erhöhung aufwärts beschaut und die großartige Wölbung desselben sammt der grotesken Umgebung mit einem Blicke übersieht.

Außer diesem Felsenthore sind es besonders zwei Gegenstände, welche in der höchstromantischen Landschaft Wellheims die Blicke vor allem auf sich ziehen, die Ruinen der alten Burg und ihr gegenüber ein Kirchlein auf luftiger Höhe, die Kreuzleskapelle. Wenn man aus den Gassen des Ortes zu diesen Trümmern der Burg emporschaut, so empfindet man es wehmüthig, daß sie theils von den Elementen oder dem Eigennutze zerstört, theils abgetragen wurden, um die unten hart an der Felsen= wand liegenden Häuser vor dem herabstürzenden Gesteine zu bewahren. Selbst der feste Römerthurm wurde durch habsüchtige Menschen ge= waltsam beschädigt. Als der Gesammtbau noch unversehrt mit seinen Giebeln und Thürmchen sich auf dem gigantischen Felsen hoch zum Himmel erhob, überragt von seinem Römerthurme, mag kaum ein anderes solcher mittelalterlichen Schlösser des Landes ihm an groß= artiger Schönheit den Rang streitig gemacht haben.

Wenden wir uns ein wenig links, so fällt unser Blick auf die Kreuzleskapelle, welche von der Burg durch einen Bergeinschnitt getrennt ist. Sie ragt hoch und frei auf einem kühn aufgethürmten Dolomit in die Luft empor und stattliche Buchen bilden ihre Umgebung. An ihren Felsenklötzen kann die Einbildungskraft ohne Mühe allerlei Gestalten entdecken. Ehe wir uns anschicken, zuerst die Burg zu be= suchen, dürfen wir nicht vergessen, uns die Schlüssel zur Kapelle, welche den Fremden gerne bewilligt werden, bei dem Herrn Pfarrer erbitten zu lassen, weil wir auf einem Waldpfade gleich von der Burg weg zur Kapelle hinum gelangen werden.

So schön und erhaben die Aussicht von der Burg auf die unten liegende Landschaft ist, so müssen wir es doch unterlassen, sie zu be= schreiben, da wir dieselbe in Kurzem noch in gesteigerter Schönheit be= wundern werden. Genug, wir sind belohnt für das Ersteigen dieser Höhe. Ein viertelstündiger Gang durch erfrischenden Waldschatten bringt uns auf den Kreuzlesberg. Unser erster Anblick ist hier die ehe= malige Klause, jetzt von einer Taglöhnersfamilie bewohnt. Ein ein=

sameres, friedlicheres Plätzchen, hoch über den anderen Menschen=
wohnungen und auch hier noch gänzlich versteckt, kann sich die Fan=
tasie kaum ersinnen. Das ist so ein echter romantischer Bissen. Die
kleine ärmliche Hütte ist wie eingedrückt in eine sie hoch überragende
Felsenwand. Dadurch und durch den Wald hinter ihr ist sie gegen
alle Stürme geschützt. Denn, wenn gleich gegen Osten die jenseitigen
Berge herüberblicken, so sieht man sie doch nur zwischen den Zweigen
heraufragender Buchenbäume, welche auch hier Wind und Aussicht hemmen
und so die gänzliche Abgeschiedenheit vollenden. Ein Gärtchen, das
früher sehr behaglich aussah, ist jetzt fast ganz mit verwilderten Obst=
bäumen besetzt. Doch, man wendet sich links und steigt die schmale
steinerne Treppe hinan. Einer der mitgebrachten Schlüssel sperrt die
Pforte der Kapelle auf. Ein einfaches, reinliches Kirchlein mit einem
kleinen Altare und einigen kunstlosen Bildern. Hinter dem Altare ist
ist eine zweite Thüre, die uns der andere Schlüssel erschließt. Wir
stehen an einem kleinen Vorplatze, wo sich zwischen den Figuren Mariens
und des Apostels Johannes ein angemessen großes Crucifix erhebt. Wir
treten an die Brüstung vor. Ein himmlisch schöner und höchst er=
habener Anblick überrascht uns. In schwindelnder Tiefe liegt vor
unseren Füßen niedlich verkleinert Wellheim mit seinen ländlichen Gassen
und Häusern; rechts ganz nahe säuselnde Buchen und groteske Felsen=
zacken, tief unten das wiesenreiche Schutterthal, darüber dunkle Wal=
dungen und in blauer Ferne die Gegend von Ingolstadt. Zur Linken
schauen von ihrem Felsensitze die Burgruinen herüber, neben ihnen von
weiterer Ferne her der Galgenberg, die riesigen Felsenwände von Aicha
und endlich die Berghöhe der alten Burg, uns gegenüber waldbekränzte
Berge. Man glaubt an der herrlichen Aussicht nicht satt werden zu
können. Und diesen Punkt hat sich der einfache Landmann ausersehen,
nicht zu einem Belvedere, sondern zu einer Stätte der Gottesver=
ehrung. So wenig die Landleute für Naturschönheiten Sinn zu haben
pflegen, so treffen sie es doch so richtig, wenn sie zu höheren Zwecken

die Wahl frei haben. Instinktmäßig streben sie zu den Höhen hinauf,
näher dem Himmel zu. Sie sind auch hier praktisch. Gleich den Gi=
ganten, die mit Felsmassen anrannten, wollen sie zum Himmel hinan
mit ihren Gebeten.

Wer Lust hat und etwa eine schöne und eigenthümliche weite
Fernsicht genießen will, kann diesen Zweck erreichen, wenn er einen
Abstecher von Wellheim nach Gamersfeld macht, am kürzesten
gleich vom Kreuzlesberge weg. Der Weg dahin beträgt von Well=
heim eine halbe Stunde. Man besteigt daselbst den Kirchthurm und
überschaut die ganze waldreiche Umgebung des sich erhebenden und
senkenden Plateaus mit vielen eingestreuten Dörfern. Die zwischen
die Waldungen eingerahmten Ortschaften gewähren einen Anblick von
gar eigenthümlicher Art. In weiter Ferne schaut nördlich die Wilz=
burg herüber, nach den übrigen Himmelsgegenden schweift der Blick
über das Donauthal und die Gefilde Oberbayerns und Schwabens.
Am Ende des Horizontes schließen gegen Süden die Hochgebirge die
Aussicht.

Wellheim war, wie eine Gedenktafel im Orte verkündet, eine
Station der Römer. In den christlichen Zeiten wissen wir als älteste
Besitzer die reichbegüterten Grafen von Hirschberg vom Jahre 745 bis
1305. Hierauf kam es an die Grafen von Oettingen, an die Grafen
von Heideck, im 15. Jahrhundert an die Markgrafen von Ansbach.
Von 1458 — 1627 besaßen es die Grafen von Helfenstein, dann
wieder die Grafen von Oettingen, von denen es zum zweitenmal an
die Markgrafen von Ansbach kam, welche es endlich im J. 1681 an
die Fürstbischöfe von Eichstätt verkauften.

Die für Wellheim merkwürdigste Begebenheit ereignete sich im
Jahre 1525. Im Frühlinge dieses Jahres kam der schon lange glim=
mende Bauernkrieg zum Ausbruche. Weit umher in Süddeutschland
hatten sich große Haufen von Bauern gesammelt und waren über die
Klöster, die Schlösser und Städte der Herren hergefallen, und überall

wurden wilde Plünderungen und Zerstörungen verübt, und zu den Bauern gesellte sich viel unzufriedenes und verarmtes Volk aus den Städten. Da kam im März dieses Jahres nach Wellheim ein verschmitzter und kecker Mann, Zacharias Krell, früher Stadtredner (Advokat) in München, und wußte sich durch einen falschen Brief, und weil er ein geborner Wellheimer war, durch alte Bekanntschaften Eingang in die Burg zu verschaffen, wo er sich auch zu behaupten verstand. Nun predigte er von da aus an die Bauern, welche zahlreich herbeiliefen, das neue Evangelium der Freiheit und gewann großen Anhang. Aus Eichstätt gesellten sich 200 Tuchknappen zu ihm. Die Gräfin von Helfenstein, welche damals gerade in Ingolstadt war, rief die Hülfe des Markgrafen von Ansbach, des Bischofs von Eichstätt und des Herzogs von Neuburg an. Da die beiden ersten selbst von ihren Bauern und Bürgern heftig bedrängt wurden, so übernahm es der Herzog, der Gräfin beizustehen und das gefährliche Feuer in der Nachbarschaft zu ersticken. Er bot die Bürgerwehr seiner Stadt Neuburg zu dieser Unternehmung auf. Man mußte gestehen, sie war gut bestellt und ein rüstiges Corps von 450 Mann. „Sie war eingetheilt in Zimmerleut mit ihren Häuten und Brandhacken, in Schützen mit Sturmhauben und Seitenwehren und Pulverflaschen, in Langspießer mit Rüstungen, in Federspießer, in Knebespießer und in solche, welche Schlachtschwerter trugen. Letztere begleiteten in zwei Reihen vor und nach das Fähnlein. Die gesammte Mannschaft wurde von einem Hauptmann, dem 2 Schützen und 2 Federspießer unter der Benennung Hauptmannstrabanten beigegeben waren, dann 1 Lieutenant, 2 Feld= und 2 gemeinen Waibeln und 1 Führer befehligt, hatte 1 Fähnbrich, 1 Fourier, 2 Feldscherrer und ein Feldspiel, das aus dem Thürmer, seinen Gesellen und 2 Trommelschlägern bestand" (Böhaimb). So trefflich eingerichtet rückte die Neuburger Stadtwehr nun nach Wellheim in's Feld. Und mit dem besten Erfolge. Als die Bauern vor Wellheim die wohlgeordnete Kriegsmacht sahen, wichen sie in die Wälder zurück und ließen den Krell in der Burg allein. Er wußte wohl, daß die Neuburger Schützen in den Gebüschen lauerten. Aber unverzagt verrammelte er den Eingang des Thurmes und vertheidigte ihn von oben herab. Als er jedoch einmal, um zu spähen, den Kopf aus einer Thurmöffnung steckte, durchbohrte die Büchsenkugel eines Neuburger Bürgers ihm den Kopf. Nun liefen die Bauern auseinander und der Wellheimer Krieg war zu Ende.

Wiewohl uns Wellheim und seine Gegend so viele und große Genüße gewährte, so entläßt es uns doch nicht aus seinem Zauber=banne, ohne uns gleichsam zum Abschiede noch die schönsten Bilder zu zeigen. Immer wieder schauen wir, auf dem Hütinger Wege wandelnd, zurück, und laben uns an der wunderbar schönen Ansicht von Well=heims Reizen, die von dieser Seite gesehen, erst in ihrem vollen Glanze erscheinen. Wenn wir einige hundert Schritte gegangen, müssen wir uns immer wieder umwenden. Denn auf einmal tauchen am Hinter=grunde die Felswände von Aicha auf, einer dieser Riesen nach dem andern tritt hervor, und wenn endlich die kolossalen Massen des Ramerberges herankommen, so ist der Gesichtskreis durch eine lange weißgraue Felsenkette geschlossen, die man in solch überraschender Majestät selten irgendwo sehen mag. Wer Wellheims schöne Ansichten insge=sammt und von den vortheilhaftesten Standpunkten aus gesehen hat, wird ohne Bedenken in das oben erwähnte Urtheil einstimmen, daß diese Gegend einen Glanzpunkt der ganzen Altmülalp bilde.

Nachdem wir noch diesen letzten großartigen Anblick genossen, setzen wir unseren Marsch, vor dem Einödhofe Espenlohe vorbei, zu der Feldmühle fort, wo wir über die Schutter und deren Wiesen bis an den jenseitigen Fußweg gehen, welcher rechts zum Kuchenberg oder der alten Schanze führt. Dieser Berg tritt weit gegen Süden nach dem Hütinger Thale vor und ist an seinen vielen großartig in die Höhe ragenden Felsengebilden erkennbar. Wir ersteigen ihn linker Hand bei der Bergkluft, welche die Kuche heißt. Oben auf dem Berge

findet der Alterthumsfreund Spuren bedeutender römischer Befestigungs=
werke, deren Besichtigung ihn längere Zeit in Anspruch nehmen kann.
Sie sind insgesammt mit einem Buchenwalde überwachsen. Wir treten
aber auf den südlichen Bergplatz vor, der von Gehölze frei ist. Hier
öffnet sich unseren Blicken ein schönes Thal gegen Süden, das Hütinger
Thal, durchgehends 1000 Schritte breit, durch welches die Aussicht
bei klarer Luft weit hin zur Donau und bis nach Schwaben reicht.
Das Dörfchen Hüting liegt höchst malerisch ein halbes Stündchen
von uns, über ihm die Ruine seiner alten Burg, die einst auch mit
einem Römerthurme geschmückt war. Zur Rechten haben wir das obere
Schutterthal, das wir durchwandert haben, über dem Walde oben schaut
der Wellheimer Römerthurm und das Kirchlein des Kreuzleöberges her,
und zur Linken blicken wir in das untere düstere Schutterthal. Auch
dieser Punkt ist einer derjenigen, welcher durch seine reizende Aussicht
den Wanderer höchlich erfreut. Von der alten Burg Hütings steht
nur noch eine 46' hohe Mauer. Dieses Schloß liegt bereits über 400
Jahre, wahrscheinlich seit dem Jahre 1421, in Trümmern. Die Be=
sitzer desselben, die Hütinger, ein wohlbegütertes Geschlecht, waren
Ministerialen der Grafen von Graisbach und erloschen im J. 1550.

Nach Osten hin begeben wir uns in's Thal hinab und kommen,
die Schutter zur Rechten, die Hänge des schön bewaldeten felsenreichen
Schutterberges zur Linken, endlich an eine kleine Brücke, über
welche wir zu der Bauchenberger Mühle und auf den Fußpfad
nach Bergen gelangen.

Im Pfarrdorfe Bergen, welches vom Volke Baring genannt
wird, bestand ehemals ein berühmtes Nonnenkloster, welches im J. 976
von Wiltrude, einer Tochter des Herzogs Giselbert von Lotharingen,
und Gerwinge, einer Schwester des Kaisers Otto I. gestiftet wurde.
Letztere war die Wittwe des Herzogs Berchthold von Bayern und die
erste Abtissin des Klosters. Im 15. Jahrhundert war die Zucht auch
in diesem Kloster, wie damals in den meisten übrigen sehr im Ver=

falle. „Am 11. April 1458 macht Bischof Johann von Eichstätt dem
Pfalzgrafen die Anzeige, daß er die Barbara Egherin zur Aebtissin ge=
weiht, darneben aber gefunden habe, daß sich etliche alte Klosterfrauen
gar ungehorsam erzeigen und einige sogar aus dem Kloster zu ihren
Freunden ziehen wollten." Gegen das Ende des Klosterbestandes waren
zwei Schwestern des berühmten Willibald Pirkheimer nacheinander
Abtissinnen in diesem Kloster. Die letzte war „Katharina Habereynin"
von Berching. Der Herzog Otto Heinrich säcularisirte das Stift im J.
1552, nachdem er ihm schon vorher viele Einkünfte entzogen hatte.
In den letzten Jahren betrugen die jährlichen Gesammteinnahmen
1400 bis 1800 fl. Nunmehr verlassen wir die Altmülalp und treffen
nach einem anderthalbstündigen Marsche, größtentheils durch Wälder,
in N e u b u r g ein, von wo aus wir die Reise in den östlichen oder
unteren Theil unseres Berglandes antreten werden.

Nach dem Genusse der Nachtruhe hindert uns nichts, sogleich am
Vormittage zur Verfolgung unseres weiteren Zieles aufzubrechen. Die
Fahrt nach Weltenburg auf dem Dampfschiffe läßt uns Zeit genug,
unsere Ermüdung vollständig zu überwinden, um so mehr, da uns
wenig Interessantes, das wir nicht schon kennen, auf die Beine rufen
wird. Die Fahrt dauert etwa 4 Stunden, und schon nach 2 Uhr
werden wir in Kelheim landen. Zwischen Neuburg und Ingolstadt
durchfahren wir eine Strecke, welche in Bezug auf Aus= und Ansichten
zu den trostlosesten gehört. Nichts, was die Blicke fesseln könnte, als
etwa das R e i s a ch s ch l ö ß ch e n sammt J o s h o f e n und ein paar
malerische Hütten von Flußwärtern am linken Ufer. Außerdem lauter
Wald rechts und links, der größtentheils nicht zu den für's Auge an=
ziehenden gehört. Sogar die waldbesäumten Anhöhen unserer Alt=
mülalp zu erblicken ist uns nicht gegönnt. Erst unterhalb Ingolstadt
wird die Gegend zur Linken wieder licht, aber zur Rechten bleibt der
frühere Waldcharakter und zwar häufig genug von Weidengesträuch.
Einen schnell vorübergehenden freundlichen Anblick bietet V o h b u r g,

der alte Stammsitz der einstigen mächtigen Grafen von Bohburg, welche als Markgrafen des Nordgaues über das Land bis nach Böhmen hinein geboten, die reiche Abtei Waldsaßen gründeten und die Stadt Eger erbauten. Dort oben in der jetzt leider auch abgetragenen Burg verweilte einige Zeit die schöne Agnes Bernauer, welche vielleicht sorgen=voll an der Seite ihres jungen erlauchten Gemahles auf diesen Strom herabschaute, der später in so trauriger Weise sie in seinem Schooß empfangen sollte. Am linken Ufer zieht, hübsch auf einem Felsen ge=legen, das Schloß Wackerstein die Blicke an sich. Sonst hat das Auge keine Erquickung. Denn eine Gegend, welche nichts weiter sehen läßt, als etwas ferne liegende ländliche Ortschaften und viele spitzigen Kirchthürme, alles in flachem fast baumlosem Lande, bildet einen zu großen Contrast mit dem frischen Waldreichthume, der uns während der vorigen Tage auf unserer Wanderung ununterbrochen erfreut hat. Endlich unterhalb Hienheim treten die Berge der Altmülalp mit ihrem Gehölze, ein Theil des Hienheimer Forstes, an den Strom heran. Da, wo er sich auf einmal gegen Osten wendet, liegt auf der Höhe der Haberfleck, ein einzeln stehendes Wirthshaus. Sein Name hat das Andenken des Kaisers Hadrian im Munde des Volkes erhalten. Eine Viertelstunde südlich davon, dort hinter uns, nimmt die Teufels=mauer ihren Anfang. Rechts hinter dem Dorfe Staubing erheben sich bereits gleichfalls Berghöhen, die nach Norden höher ansteigen. Plötzlich nimmt unser Dampfer gleichfalls diese Richtung zwischen den Orten Staußacker am linken und dem Dorfe Weltenburg am rechten Ufer.

Hier empfängt uns wieder unsere Altmülalp und öffnet uns eine ihrer schönsten Ansichten und ihre großartigste Scene. Nun die Augen aufgethan, um die erhabenen Eindrücke aufzunehmen und treu zu be=halten. Denn schnell werden die Bilder vorüberfliegen. Wir fahren in eine herrliche Strombucht ein, welche zur Linken von düsterer Wal=bung und steilen Berghängen überragt, am rechten Ufer von den statt=

lichen Gebäuden des Klosters Weltenburg geziert ist. Niemand aber
ahnet, daß sich in den nächsten Augenblicken eine der erhabensten An=

Weltenburg.

sichten zeigen und eine Stromschlucht sich öffnen wird, mit der in
Europa an Majestät keine gleichgestellt werden kann. Eine Wendung
des Schiffes und da ragen zur Linken riesige Felsenmassen, mit Heiligen=

figuren geschmückt, oben rechts die Marienkapelle, unten der Kloster=
garten; kein Ufer mehr, der Strom wälzt sich rasch in die Enge hinein,
dort wieder rechts zwei mächtige Felsengebilde, die Kuchel und die
hohe Rinne, am Schlunde links die lange Wand, überall gigan=
tische Felsenwände 300 — 400 Fuß hoch, von denen der Knall des
abgefeuerten Böllers erschütternd wiederhallt, dann lange nacheinander
zur Rechten zwischen allerlei Blöcken und Zacken die wunderbaren koloß=
salen Felsengebilde, die drei Brüder, die schwangere Jungfrau,
unsere liebe Frau auf der Flucht gleich einer Nonne im lan=
gen Ordensgewande, die Kanzel, Peter und Paul, der Bischof,
das Nürnberger Thor, und hinter diesen die schönste Waldung an
der ganzen Bergwand hinan. Links oben steht täuschend zwischen
Bäumen die Gestalt des ersten Napoleon, in der bekannten Stellung
mit verschränkten Armen zur Seite gewendet. Hier sind wir schon
aus der Schlucht und sehen am linken Ufer die einsam liegende Förster=
wohnung Wipfelsfurt oder Wiffelsfurt. Gleich darauf, wenn
wir an dem hohlen Stein vorüber sind, liegt uns zur Linken
Traunthal oder das Klösterl, ein einzelnes Häuschen mit da=
nebenstehender Kapelle, früher der Sitz eines Einsiedlers. Das ehe=
mals berühmte Kelheimer Weizenbier, welches man hier sonst, auf
Flaschen gezogen, in vorzüglicher Güte bekam, gehört jetzt zu den ver=
gangenen Größen. Es moussirte wie Champagner und war ein äußerst
liebliches, erfrischendes Getränk. Der habsüchtige Materialismus unserer
Zeit fängt leider an, gegenwärtig seine schmutzigen Hände nach den
herrlichen Naturschönheiten der Weltenburger Schlucht auszustrecken.
Bereits an drei Stellen werden die schönen Felsenmassen gesprengt und
die Trümmer an das Ufer zu Bruchsteinen herabgewälzt, und der
Stumpfsinn derer, die hier entgegenzutreten hätten, läßt dem Vanda=
lismus freie Hand. Schon steht uns dort oben auf dem Michelsberge
die Befreiungshalle und an dessen Fuße Kelheim vor Augen. Wir
benützen die kurze Fahrt bis an unser nahes Ziel, um zwei schöne

Sagen kennen zu lernen, welche das Volk von den „drei Brüdern“ und der „schwangeren Jungfrau“ erzählt, die wir noch dort hinter uns erblicken können.

Die drei Brüder.

„Auf dem hohen Felsensitz Randeck im Altmülthal hausten einst drei Brüder vom roheſten Schlag. Sie waren gefürchtet, gehaßt, und Jedermann wich den Unbändigen aus, zumalen die Jungfrauen; denn diesen waren sie ein Schrecken. Um manche Maid hatten sie schon gefreit, aber keine bot ihnen die Hand. Darob längſt höchlich erzürnt, berathſchlagten sie eines Abends, wie zu rächen wär solch Schand und Spott. Sie erhoben sich alle drei zum Schwur, zu rauben drei Jung= frauen von gräflichem Rang. Es hatten eben drei hochadelige Fräulein in den Zellen des Klosters Weltenburg Zuflucht gesucht; diese zu ent= führen beschloßen sie nun. Schon vor Tagesanbruch standen sie am Ufer der Donau dem Kloster gegenüber. Es fehlte der Kahn, sie konn= ten nicht über den Strom. Da stürzt sich der jüngſte behend in die Fluth und in wenigen Minuten war er drüben am Land. Allda steht ein Nachen; den bindet er los und fährt in den Strom. Ein dumpfer Laut tönt aus der Tiefe; er schaut hinab und sieht drei Leichen auf dem Grund. Es faßt ihn ein Grauen. Da zeigt sich die Nixe, die ihm freundlich winkt. Er steht verblüfft vor der holden Gestalt und läßt sinken die Hand sammt dem Ruder. Da schreien die Brüder draußen aus vollem Hals: Eile, eile; es verrinnt die Zeit. Und fluchend packt er das Ruder, mit Windeseile fliegt er an's Ufer. Es fragen die Brü= der: Was haſt du gesehen, daß du so starr geschaut in den Fluß? Hat dich wieder das Nixlein geneckt, wie es dir schon einmal geschehen? Noch schaudert mir, sagte er; die Leichen dreier Ritter liegen dort unten im nassen Grab. Ei, ei, nur Täuschung, nur Traum! so rufen die Andern. Und schnell steigen sie in den Kahn; es peitscht das Ruder die Wellen, bald stößt das Fahrzeug drüben wieder an's Land. Sie

erklimmen ben Felsen und steigen in den Klostergarten, der nebenan
liegt. Hier lauern sie in einem Winkel auf ihren Raub, den das
Kloster noch birgt. Das Glöcklein auf dem Thurme erschallt; der
Sonne erste Strahlen vergolden eben die Gipfel der Berge. Da öffnet
sich das Pförtlein des Klosters, und heraus treten die drei Jungfrauen,
lieblich und schön. Auf einem Grabeshügel werfen sie sich in Andacht
nieder, Thränen benetzen den Blumenkranz, der auf ihm liegt. Und
mit Tigerwuth stürzen die drei Brüder auf die unschuldvollen Schönen
los. Da hilft kein Bitten, kein Flehen. Die Räuber schleppen im
Nu sie fort, hinein in den Kahn und fahren mit der Beute hinab an
der Felsenwand. Die Nixe taucht auf, — der Kahn steht plötzlich fest=
gebannt, schrecklich umtost von den Wellen. Den Brüdern wird bang.
Der Klostervogt, der Retter der eblen Jungfrauen, naht eiligst auf
pfeilschnellem Nachen heran, — die Räuber stürzen verzweifelnd über
Bord. Die Nixe verzaubert sie in Stein. Zürnend bricht sich noch
immer an den drei Brüdern die Fluth." (Arnold.)

So dichtet hier das Volk in der herrlich schönen Naturumgebung,
und die wundersamen Felsengestalten sind ihm die Hüllen ehedem
lebendiger Wesen, deren Geschicke es sinnvoll entziffert. Die Schuld
aber muß ihm die verdiente Strafe erleiden. Einfach zwar ist diese
Erzählung ersonnen, aber in poetischem Geiste. Die zweite jedoch, die
wir gleich vernehmen werden, hat einen so tiefen und zarten Sinn,
und eine so schöne poetische Form, daß sie den größten Dichter ehren
würde.

Die schwangere Jungfrau.

"Eine Nixe tauchte auf aus den Wellen, auf ihren hingebreiteten
goldenen Haaren schwamm sie. Der Schiffer, der hinter dem Felsen
lag, sah sie beim Mondschein und fing sie im Netz. Er gelobte ihr
Treue, der schöne falsche Mann, und sie gab sich ihm hin. Und
als er der Nixe die Treue brach und eine Dirne zum Weibe nahm,
trug jene unterm Herzen schon das Liebespfand. Der Schiffer jagte

sie fort, als sie kam, des Schiffers Mutter lachte sie aus, der Pfarrer hat sie verflucht. Da ging sie schweren Herzens zur Stromfei zurück und flehte bei der um Erbarmen. Aber die keusche Fee schalt sie im Zorne und verzauberte sie auf ewige Zeiten in Stein mit sammt ihrem Kinde unterm Herzen. Als aber der Schiffer mit seinem jungen Weibe vorbeigefahren kam und die verzauberte Nixe sah, — die Wellen sag= ten's ihm, was geschehen war, — und das steinerne Gesicht blickte in Gram und Todesschmerz auf ihn, da faßte ihn Verzweiflung. Er ging in die wilden Schluchten hinein, die Stromfei zu suchen und bei ihr um der Nixe Erlösung zu flehen. Sein junges Weib wartete Tag und Nacht und so drei Tage lang und sah mit Grausen das steinerne Gesicht. Der Schiffer aber kam nimmer zurück, und am dritten Tag kamen die Raben aus der Schlucht und krächzten so laut, daß das junge Weib bald erkannte, was geschehen war. Sie betete ein Vater unser und fuhr heim, und legte sich hin und starb sieben Tage dar= nach. Seitdem haben Regen und Schnee des steinernen Angesichts Züge verwischt; aber das Kind lebt noch im steinernen Schooß bis zum jüngsten Tag; der Schiffer hört es wimmern." (Duller.)

Wenn doch ein kundiger Mann käme, der uns auch von den übrigen Felsengestalten so schöne Erzählungen brächte! Doch wir wen= den unsere Blicke zu der großartigen Rotunde der Befreiungshalle em= por, die dort oben auf dem Michelsberge so freundlich glänzt. Der schön bewaldete Berg, die Gebäude der Stadt Kelheim, der breite Strom mit seinen Gestaden bilden zusammen eine äußerst anziehende Landschaft. Wir landen und begeben uns in den deutschen Hof oder zum Käserer (Gastwirth Erthaler), um einige Erfrischungen zu genießen und uns für die Nacht einzuquartieren. Doch wie herrlich leuchtet die Sonne vom klaren Himmel! wie duftig liegen die Lüfte über Strom und Berg und Wald! Wie lockt uns der heitere Tag zu einem Aus= fluge, der uns einen unbeschreiblichen Genuß verschaffen wird. Die vielen erhabenen Schönheiten Weltenburgs, seiner Schlucht und des köstlichen Donaustroms haben unsere Blicke so flüchtig berührt, daß sie für uns nicht halb genossen sind. Am Abende wird diese Herrlich=keiten der Mond beleuchten. Wollen wir uns aufmachen zu einer Fußpartie nach Weltenburg. In einer guten Stunde haben wir es erreicht und zuvor bestellen wir einen Nachen, der uns zurücke schaukeln wird. Wir steigen den schön beliesten Weg zur Befreiungshalle empor, deren majestätische Verhältnisse immer mehr unsere Bewunderung in Anspruch nehmen, je näher wir zu ihr hinaufkommen. Allein wir wandern vorüber, nachdem wir ihre Umrisse, ihre prachtvollen Treppen und die herrlichen Bildsäulen flüchtig betrachtet, und wenden uns links auf den Weg nach Weltenburg, den wir leicht erfragen und nicht ver=fehlen werden, wenn wir uns zur Linken halten. Nehmen wir einen Führer von Kehlheim mit, so können wir auf dem Wege die erstaun=lichen Bollwerke aus der Zeit der Römer kennen lernen. In der Nähe der letzten Verschanzungslinie führt uns ein Pfad links hinab an die Donau. Uns gegenüber steht das stattliche Kloster. Auf einen Ruf kommt ein Kahn von Jenseits und setzt uns über den Fluß. Wir begeben uns in den Klosterhof und genießen einige Erquickung oder besuchen die noch vorhandenen Ueberreste aus der Römerzeit. Welten=burg war ein befestigter Ort der Römer, Namens Valentia, woher wahrscheinlich sein Name stammt, und stand durch eine Brücke mit der Festung Artobriga jenseits des Flusses in Verbindung. Schon in der zweiten Hälfte des sechsten Jahrhunderts soll hier ein Kloster ge=wesen sein, und jedenfalls war Weltenburg ohne Zweifel das älteste Kloster in Bayern, als dessen eigentlichen Gründer die Tradition dieser Benediktinerabtei den Herzog Thassilo und den hl. Rupert angibt. Zur Zeit der Säcularisation wurde das Kloster Weltenburg gleich den übri=gen eingezogen. Jetzt ist es den Benediktinern wieder eingeräumt und von einigen Geistlichen dieses Ordens besetzt.

Doch der Kahn wartet auf uns, der Mond gießt sein weiches Licht über die Landschaft. Wir steigen ein. Wie feierlich ruht Schatten und Licht auf diesen Wäldern, diesen Felsen, diesem Strome und den blinkenden Klostergebäuden! Jetzt hinein in die majestätische Schlucht! Wie schauerlich und wonnevoll ist es, in seine tiefen Schatten einzutauchen und zwischen den hohen Wänden, deren Spitzen in mildem Glanze ruhen, auf dem friedlichen Strome dahingetragen zu werden! Sanft schaukelt uns der leichte Kahn, welchen mit sicherer Hand, der Fei des Donaustromes vergleichbar, die hübsche Schifferin steuert. Dort im dunklen Schatten stehen die phantastischen Felsengebilde. Sie wenden sich, sie gehen von der Stelle. Seht ihr, die drei Brüder kommen heran, die steinerne Jungfrau bewegt sich gegen uns, der sanftmüthige Mond hat ihr einen Strahlenkranz auf das Haupt gelegt. Sie wollen fort aus dem schrecklichen Banne. Aber nun weichen sie zurück und stehen wie verlassen hinter uns. Und saht ihr zwischen den finsteren Tannen den steinernen Napoleon in seinem kreideweißen Anzuge? Der will nicht mit uns, er geht nach Westen. Welche Ruhe waltet um uns her in der herrlichen Landschaft, nur von dem Flüstern der Donauwellen unterbrochen, wenn es nicht etwa die Laute einer Nixe sind. Dort schimmern hoch oben die Zinnen der Befreiungshalle und rücken uns immer näher, und die Giebel und Häuser Kelheims strahlen wie Flammen und seine Fenster blinken gegen den glitzernden Strom. So viel des Schönen hat sich mit unbeschreiblichem Zauber uns in Sinn und Herz gesenkt, daß wir schweigend den Kahn verlassen, um uns nicht den süßen Genuß zu stören.

Am Morgen machen wir uns zeitig auf, in der Stadt die schönen Statuen der Könige Ludwig I. und Maximilians II. von Halbig zu sehen. Dann lassen wir uns die Stelle zeigen, wo Herzog Ludwig I., der Kelheimer, am 14. September 1231 meuchlerisch ermordet wurde. Das Gebäude des Bezirksamts ist der Ueberrest von dem ehemaligen Herzogssitze. Von dem über 80' hohen schönen Römerthurme, welcher früher daneben stand, sieht man jetzt nur mehr den Unterbau. Ein Landrichter Welz ließ ihn im J. 1809 abbrechen, um dessen Quadersteine zu dem Bau eines Eisbrechers und für die Anlage vor dem Schlosse zu verwenden. Die neue Donaubrücke, welche erst vor ein paar Jahren vollendet wurde, ist eine Zierde der Stadt.

Kelheim, das römische Celeusum (sprich Keleusum), ist nebst der ganzen Gegend in den ältesten Zeiten höchst wahrscheinlich von einer keltischen Völkerschaft bewohnt gewesen. Für die Römer war es einer ihrer wichtigsten Punkte an der Donau. Zeugniß davon geben die höchst großartigen Befestigungswerke, welche sich nicht bloß über den Michelsberg, sondern auch über Weltenburg und die heutige Stadt sammt ihrer Umgebung ausdehnten. Die schönste Blüthe Kelheims fällt in den Zeitraum, da es die Residenz der Pfalzgrafen von Wittelsbach und noch eine Zeit lang der Herzoge dieses Fürstenhauses war. Dann sank es in die Verhältnisse einer gewöhnlichen Landstadt herab. Einen neuen Aufschwung nahm Kelheim vom J. 1836 an, da der Bau des Donaumainkanals begann, welcher im J. 1845 vollendet wurde. Eine noch freudigere Aussicht öffnete sich für die Stadt, als am 19. Oktober 1842 der Grundstein zur Befreiungshalle gelegt wurde, deren feierliche Eröffnung 21 Jahre nachher an eben demselben Tage stattfand.

Zu ihr hinauf wollen wir nun unsere Wallfahrt antreten. Die schöne Aussicht von der Höhe darf uns für jetzt nicht fesseln. Wir wenden uns nach einer der Doppeltreppen, die uns auf 44 Stufen über die große 30' breite Freitreppe zur Terrasse emporführt. Wir umgehen zuvor das ganze Gebäude, dessen Höhe 204', dessen Durch= messer im Innern, 170' beträgt. Auf 18 hohen Strebepfeilern der Außenseite sehen wir 18 Statuen ernster Frauengestalten, deren jede mit beiden Händen eine Tafel vor der Brust hält, worauf der Name eines der 18 deutschen Volksstämme geschrieben steht, welche den großen Befreiungskampf von 1813 — 1815 mitgestritten haben. Jedem Pfeiler steht außen am Rande der Terrasse ein Kandelaber gegenüber. Die Oesterreicher beginnen vom Thore links die Reihe, die Preußen enden sie zur Rechten. Nach unserem Rundgange kommen wir wieder zu dem hohen Portale. Seine Flügel sind aus Bronce gegossen und wiegen 100 Zentner. Ueber demselben lesen wir die Aufschrift:

Den teutschen Befreiungskaempfern
Koenig Ludwig.
MDCCCLXIII.

Die Pforte öffnet sich; wir stehen im Innern. Es ist unmöglich, das Gefühl zu beschreiben, das sich bei'm Anblicke dieser himmlischen Halle des Eintretenden bemächtigt. Wenn er ein ächter Deutscher ist, so wird sein Herz von einem heiligen Schauer ergriffen. Wohl mag immer dieses Herz ihm heiß geschlagen haben für sein großes liebes Vaterland, er steht dennoch beschämt und klein in diesem Heiligthume, welches von einem stolzen Bewußtsein deutscher Kraft geschaffen wurde, er steht beschämt, weil er erkennt, daß die Gefühle seiner Vaterlandsliebe, ob deren er sich wohl groß gedünkt, verworren und allzumatt in der Brust geschwankt. Hier durch die Allgewalt der Kunst wird diese Dunkelheit erhellt, diese Schwäche aufgeschüttert. Der große Gedanke von Deutschlands Einigkeit und Macht ist in diesem Wunderbau Körper geworden, und jeder Schritt in dem herrlichen Tempel macht diese Ueberzeugung klarer und inniger. Laßt uns seine Bedeutung näher betrachten.

Im Kreise stehen, von Meisterhänden aus carrarischem Marmor gemeiselt 34 Siegesgöttinnen, je 12' hoch. Immer zwei reichen sich die eine Hand und stützen die andere auf einen Schild. Die 34 Schilde, die aus erobertem feindlichen Geschütze gegossen sind, tragen die Namen der bedeutendsten Treffen und Schlachten, durch welche die Freiheit erkämpft ward, vom 5. April 1813 bis zum 28. Juni 1815. Hoch oben sehen wir im Kreise 18 Tafeln, auf welchen in goldenen Zügen die Namen der ausgezeichnetsten Heerführer geschrieben stehen, unter deren Führung gestritten wurde, und über diesen in einer Füllung ringsum die Namen von 18 eroberten Festungen. Der oberste Raum des Gebäudes wird von einer herrlichen Kuppel gekrönt, durch welche die Beleuchtung in die Halle fällt. Der Durchmesser der Kuppel ist $101\frac{1}{2}'$. Auf dem Boden der Rotunde lesen wir die ernste Mahnung: „Seid einig, ihr Teutschen, ihr seid dann auch stark, ein unüberwindlich Volk." Wir lesen aber auch daselbst im innersten Kreise die Warnungsworte: „Möchten die Teutschen nie vergessen, was den Befreiungskampf nothwendig machte, und wodurch sie gesiegt." Hinter den Viktorien führt ein Gang um die ganze Rotunde. Durch einen anderen dunklen Gang kann man zu einer inneren Gallerie emporgelangen, von welcher herab der Anblick all der schönen Formen und des geschmackvollen Farbenreichthums der mannichfaltigen Steinarten in dem Mosaikboden und an den Wänden noch tieferen Eindruck auf den Beschauer macht. Wer Lust hat, kann durch ein paar Stiegen zur äußeren Balustrade auf der Höhe des Gebäudes emporsteigen, wo sich seinen Blicken eine weite reizende Aussicht öffnet. Die einzelnen architektonischen Abtheilungen und Verzierungen des Werkes zu beschreiben, unterlassen wir. (Sie sind ausführlich, klar und eingehend mit begeistertem Griffel geschildert in: „J. B. Stoll's kurz gefaßte Geschichte der Stadt Kelheim. Landshut 1863.") Man überlasse sich mit unbefangenem Gemüthe dem mächtigen Eindrucke, welchen die edlen Formen und die harmonische Pracht und Großartigkeit dieses herrlichen Baues hervorbringen. Es ist nur zu beklagen, daß so viele Besucher solcher erhabenen Kunstgebäude kalten Herzens vor all dieser Schönheit stehen und mit Hülfe einiger eingelernten technischen Ausdrücke die Rolle vornehmer Kunstkenner spielen. Würden sie doch schweigen, oder hinweggehen; dann wäre den empfänglichen Herzen durch solche Modephrasen nicht der Genuß gestört.

Der Bau der Befreiungshalle wurde zuerst unter der Oberleitung Gärtners geführt; nach dessen Tode übernahm sie Klenze. Von

Gärtner wäre im byzantinischen Style gebaut worden, Klenze setzte den griechischen an dessen Stelle. Die Modelle der Völkerstatuen sind von Halbigs, die der Viktorien von Schwanthalers Hand. Die Gesammt= kosten des Baues betragen über drei Millionen Gulden.

Am 50. Jahrestage der Leipziger Völkerschlacht, den 19. Oktober 1863, fand die feierliche Eröffnung der Befreiungshalle statt. Der fürstliche Bauherr, der jene erhabenen Tage deutscher Kraftäußerung gesehen, hatte seinem heißen Wunsche gemäß diesen festlichen Tag erlebt, aber den edlen Geist jener Zeit hat er nicht mehr gefunden. Die deutschen Volksstämme, zu deren Ehre das majestätische Monument erbaut wurde, blieben fast sämmtlich kalt in der Ferne, kein deutscher Sänger sang ein Lied. Es wurde nicht ein deutsches Nationalfest ge= feiert, es war ein deutsches Fest nur von Bayern abgehalten. Die Walhalla und die Befreiungshalle sind Heiligthümer, zu denen die Deutschen wallfahrten sollten. Aber sie thun es nicht und grollen darüber, daß diese Tempel auf den Bergen des Donaustromes stehen.

Noch einmal, ehe wir scheiden, überschauen wir den kolossalen Bau und seine großartigen Verhältnisse. Wir müssen zwar seiner Schönheit allerdings gerecht werden, aber doch ist es uns, als ob uns der angewendete Styl für einen deutschen Bau von solcher Bedeutung eben so wenig genügen könne, wie der der Walhalla, und wir geben uns nur bei dem Gedanken zufrieden, daß es eben nicht anders werden konnte. Der Geist des gothischen Baustyls, der hier als der erhabenste allein dem deutschen Werke am angemessensten gewesen wäre, scheint sich bis jetzt keinem Baukünstler unserer Tage in solcher Klarheit ge= offenbart zu haben, daß eine neue geniale Form zu dem hier geforderten Zwecke hätte geschaffen werden können. Die Form des Thurmes als Symbol der Kraft war festzuhalten, und so gestaltete sich, da kein ent= sprechendes Muster gothischen Styls zur Nachahmung vorhanden war, der Bau zu einer griechischen Rotunde, für welche der Künstler allein Lust und Geschick hatte. Eines aber wird uns bei unseren Betrach=

tungen zur vollsten Ueberzeugung, daß wohl zu keiner Zeit und unter keinem Volke ein Fürst in so reiner Idealität und zu so erhabenen Zwecken gebaut hat als König Ludwig I. Er baute lauter Tempel, der Religion, der Kunst und der Vaterlandsliebe, und der hohe Geist, der ihn beseelte, wäre allein schon genügend, ihm für alle Zeiten unter den edelsten Heroen der deutschen Nation das ruhmvollste Andenken zu sichern.

Was nun die Stelle betrifft, an welcher die Befreiungshalle steht, so war auch diese Wahl eine höchst glückliche. Der Michelsberg ist der schönste Vorberg der Altmülalp. An seinem Fuße liegt das freund= liche Kelheim, rechts strömt im breiten Beete die Donau heran, von der linken umfließt die Altmül das Städtchen und vereinigt sich mit dem mächtigen Strome. Gegen Osten sehen wir bis Abbach hin eine liebliche von Bergen umfaßte Ebene, über deren Waldsaum aus weiter Ferne die Bergkette des bayerischen Waldes herüberwinkt. Gegen Süden öffnet sich die Aussicht auf waldreiches Land mit dazwischen liegenden Dörfern und im Hintergrunde auf das Hochgebirg, weiter rechts auf die Fläche von Neustadt und Hienheim. Wenn wir uns nach Norden wenden, so haben wir gegenüber den Brandlerberg mit den Colonien von Neukelheim und den berühmten Kelheimer Steinbrüchen, weiter links den schön bewaldeten Kager und endlich das idyllische Altmül= thal bis Altessing. Alles dieß zusammen bildet ein äußerst reizendes Rundgemälde.

Müde von dem Anblicke so vieler Schönheit kehren wir in die Stadt zurück und kommen an dem Canalhafen vorüber, der den An= fang der großen Wasserstraße bildet, die bis Bamberg reicht und die Verbindung der Donau mit dem Main und Rhein, des schwarzen Meeres mit der Nordsee vermittelt. Auch dieser Donaumaincanal ist ein Werk des Königs Ludwig I. Er wurde von 1836—1845 von dem Freiherrn von Pechmann mit einem Kostenaufwande von etwas über 16 Millionen Gulden hergestellt. Seine Länge beträgt $23\frac{1}{2}$ Meilen

Er hat 103 Kammerschleußen, 11 Brückencanäle, 7 Canalhäfen, nämlich in Kelheim, Neumarkt, Wendelstein, Nürnberg, Fürth, Erlangen und Forchheim, und 15 Anlandplätze. Die Wassertiefe des Canals ist 5', die obere Breite 54', die untere 34'. Die Schiffe können bis 2500 Zollzentner Ladung tragen.

Ein Pfad am linken Altmülufer bringt uns nach Gronsdorf und nach Oberau, wo wir uns den Weg zum Schulerloch oder der Rieblshöhle zeigen lassen. Die Bewohner des Pavillons, der über dem Eingange erbaut ist, sind unsere Führer in derselben. Diese Höhle, die einen geräumigen Eingang hat und ohne Beschwerde besucht werden kann, zeichnet sich zwar nicht durch besondere Schönheit ihrer Stalaktitenbildungen aus, aber man findet in ihr großartige Hallen und Kammern. Sie erstreckt sich in den Berg hinein über 3400' und hat viele Seitengänge; aber weder mit dem Hauptgange noch mit den Nebenverzweigungen wurde bis jetzt eine gehörige Untersuchung vorgenommen, und die Höhle ist doch eine der merkwürdigsten in Bayern. Einige Geschichtsforscher haben sie für einen Aufenthaltsort von Druiden erklärt. Wenn wir von der Höhe wiederum auf die Landstraße hinabgekommen sind, bemerken wir zur Linken jenseits der Altmül das Dorf Altessing mit dem nahen Eisenhammer Schelneck, über welchem einst die Burg gleichen Namens stand. Wahrscheinlich bestand hier in den Urzeiten des Germanenthums eine jener alten Waffenschmieden, deren die Sagen und Mären und die Balladen unserer Dichter gedenken.

Bald darauf erblicken wir rechts auf der Berghöhe einen hochemporragenden Thurm. Es ist der Thurm von Randeck, einer Burg, von welcher seit dem J. 1634, da sie von den Schweden niedergebrannt wurde, nur noch die Ruinen vorhanden sind. Der noch bestehende Thurm, der aber nicht von den Römern stammt, wurde von König Max II., als er noch Kronprinz war, restaurirt. In einem Bauernhause der Nachbarschaft wird der Schlüssel der Thurmpforte verwahrt. Man hat von seiner Höhe eine weite, reizende Aussicht.

Gegen Süden sieht man über den Hienheimer Forst hinweg das Donau=
thal und die Gefilde Altbayerns ausgebreitet mit den Alpen am fernsten
Horizonte, gegen Osten die Rotunde der Befreiungshalle, im Norden
endlosen Wald, aus welchem einzelne Dörfchen hervortauchen und in
weiterer Ferne entdeckt man den Eichelberg bei Hemau. Dort gegen
Westen schaut die Riedenburg und die Burg Prunn herüber und zu
unseren Füßen haben wir das liebliche Altmülthal. Auf dem Berge
von Randeck stand früher auch ein Römerthurm, der aber im J. 1838
einstürzte, wahrscheinlich unterwühlt von den Einwohnern, die seine
Quadersteine holten. Ganz nahe bei diesem Römerthurme hatte Rupert
von Rotteneck im J. 1200 ein großes Schloß erbaut. Es steht nichts
mehr davon. Im J. 1364 waren die Abensberger die Besitzer von
Randeck. Nach dem Abgange dieser Grafen war es in häufigem Wechsel
Eigenthum verschiedener Familien. Seine Einkünfte scheinen nicht be=
deutend gewesen zu sein. · Denn schon die Babonen von Abensberg
führten den Spruch;

> Zu Randeck wollen wir uns wehren,
> Zu Abensberg aber nähren.

Zuletzt besaßen es die Jesuiten zu Ingolstadt, von denen es an
den Malteserorden und von diesem an den Staat kam. Ohne Neuessing
betreten zu müssen, begeben wir uns auf der westlichen Seite in's Thal
hinab, wo wir wieder auf der Landstraße unsere Wanderung fortsetzen.
Doch verdient der eigenthümliche Ort wohl einen Besuch. Er steht
auf einem so schmalen Raume zwischen dem Flusse und der Felsen=
wand, daß nur eine einzige Gasse möglich war. Es befand sich da=
selbst durch die Munificenz der Abensberger Babonen ehemals ein
Collegiatstift mit sechs Chorherren, und in der Pfarrkirche kann man
ein paar interessante Grabmonumente sehen. Nachdem wir eine Strecke
gegangen, wenden wir uns zurück, um die interessante Ansicht von
Neuessing zu betrachten. Seine Häuser dringen nahe an die Berg=
wand hinan, welche sich überhaupt als eine wundersame Zusammen=

ſetzung von allerlei Blöcken, Zacken und Künſen zeigt, die man mit
größtem Vergnügen beſchaut. Wir gehen nicht lange von Neueſſing
vorwärts gegen Riebenburg, ſo kommen wir zwiſchen den Gebäuden
der Weihermühle durch an eine höchſt maleriſche Erſcheinung. Eine
kleine ärmliche Hütte lehnt ſich an eine Felſenwand, wie an ſie an-
gewachſen und ihres Schutzes bedürftig. Man nennt ſie das Felſenhäusl und noch eigentlicher das
Felſenmarlhäusl. Da dieſes
Häuschen am Eingange des Teu-
felsthales ſteht, ſo hat es ſchon
dadurch eine ominöſe Bedeutung.
Und in der That hatte es einmal
einen ſchlimmen Bewohner, den Fel-
ſenmarl, von dem man ſich in der
Gegend gar böſe Streiche erzählt.
Da er es zu arg trieb, wurde er
einmal von den Bauern überfallen
und unter den grauſamſten Miß-
handlungen überwältigt. Wer dächte,

Felſenhäusl.

daß in dieſer ſo romantiſchen
Hütte ein ſolcher Unhold gehaust habe? Das Felſenhäusl mit ſeiner
Umgebung gäbe ein ſehr hübſches Bildchen. Von Neueſſing hat man
eine Stunde nach dem Dörfchen Nußhauſen zu gehen, über welchem
auf einer ſchroffen hohen Felſenwand das Schloß Prunn wie ein
Adlerhorſt lagert. Es iſt in Dachung und Mauerwerk noch gut erhalten, in den Gemächern aber, die der Geräthſchaften entbehren, herrſcht
ziemlicher Verfall. Doch zeigt ſich dem Beſucher in allen Theilen des-
ſelben das Bild einer alten Ritterburg. Schade, daß nach einer Seite
hin die Fenſter von einem der ſpäteren Bewohner in geſchmackloſeſter
Weiſe durch Jalouſieläden verunſtaltet ſind. Die Ausſicht in das Thal
auf die gegenüber liegenden Walbungen, nach Randeck und beſonders

Schloss Prunn.

nach Riebenburg und seinen Burgen ist äußerst anziehend und ro=
mantisch. Das Schloß Prunn war ein römisches Kastell, von dessen
ehemaligem Bestand der noch gut erhaltene Thurm Zeugniß gibt. Im
11. und 12. Jahrhundert wurde es von einer Adelsfamilie bewohnt,
die sich davon benannte. Nach dieser kam es an die Herren von Laber,
die es im J. 1338 an die Fraunberger verkauften. Rudolph von
Fraunberg machte im J. 1347 eine Wallfahrt nach Palästina. Er
nahm 350 fl. Geldes mit und kam mit nur 4 Gulden wieder heim.
Es ist uns von ihm eine Beschreibung seiner Reise erhalten geblieben,
in welcher er auf treuherzige Weise die Gegenstände jenes Landes mit

seinen heimatlichen vergleicht. Die Stadt Alexandria, sagt er z. B.,
ist größer als Regensburg, Gaza größer als Landshut, der Berg
Mosis dreimal so hoch als der Bogenberg bei Straubing, der Fluß
bei Babylon so breit wie die Isar bei Landshut. Der berühmteste
aber aus diesem Geschlechte war zu seiner Zeit Hans der Fraunberger.
Als der mannlichste Ritter und Turnierheld war er weit herum in den
deutschen Landen gefeiert. Einen französischen Ritter, welcher öffent=
lich die deutsche Nation geschmäht hatte, erlegte er im Zweikampfe
und ließ mit der Haut desselben die Scheide seines Schwertes über=
ziehen. Dieses Schwert wurde vom Volke für ein Zauberstück gehal=
ten. Er hatte damit in 27 Gefechten 360 Feinde erlegt. In der
Kirche zu Prunn hat er ein stattliches, ihm von seinem Sohne Seitz
gesetztes Grabdenkmal von rothem Marmor, ein Meisterstück des 15.
Jahrhunderts. Von ihm erzählt der Augsburger Chronist Burkhard
Zink eine Geschichte, die viele Züge des ritterlichen Geistes jener Zeit
enthält und sehr ergötzlich zu hören ist:

„Die Augsburger gaben ein stattlich Speerrennen dem Markgrafen
Albrecht von Brandenburg zu Ehren. Mehr als 2000 Mann erschienen
gewappnet und in stattlichem Harnisch zu Roß und zu Fuß vor den
Schranken am Frohnhof, der anderen Zuschauer waren ohne Zahl.
Dreizehn Rosse mit köstlichen Decken und einen Renner in seidene Tücher
vernäht ließ der Markgraf dreimal in den Schranken im Ringe herum=
reiten. Dann schwingt er sich selbst auf ein stolzes Roß und harret
mit Begier des Fraunbergers, mit dem er den Kampf bestehen will.
Da erscheint in den Schranken der Ritter nach einer Stunde, Hans
der Fraunberger von Prunn. Sie ritten gegen einander, die Schilde
hinter sich gelegt, und der Markgraf traf den Fraunberger gleich ober=
halb des Gesichtes, daß er schwaifen (schwanken) ward, und hätt man
ihn nicht gehalten, er wär gefallen. Da ritten die Burgermaister
hinzu und baten den Markgrafen, daß er ein Genügen hätt und nicht
mehr stäch; er hätte Ehre genug, denn der Fraunberger war krank

und hatt das Fieber gar fast. Und der Markgraf ließ es geschehen und
schenkte dem Hansen das beste Roß unter den dreizehn und den Renner
dazu und lud ihn zum Essen und schenkte ihm auch, was er in der Her=
berge verzehrt, und erbot ihm Zucht und Ehren. Geschah im J. 1442."

Des Hansen Sohn Seitz (Seifried) war es, der den Grafen
Niklas von Abensberg, den letzten seines Stammes, am 28. Februar
1485 bei Freising erstach. Im Löwlerkriege wurde die Burg Prunn
von Herzog Albrechts Kriegsschaaren erbrochen. Die Lilie auf einem
großen Steine bei der Zugbrücke des Schlosses ist das Zeichen des
Löwlerbundes. Nachdem die Herrschaft Prunn verschiedene andere Be=
sitzer gehabt, wurde sie im J. 1675 von den Jesuiten zu Ingolstadt
angekauft und kam nach der Aufhebung dieses Ordens an die Malteser
der bayerischen Zunge, von diesen aber endlich an den Staat, der alles
andere verkaufte und nur die Burg sammt den Waldungen behielt.
Im Jahre 1575 entdeckte Wiguläus Hundt auf dieser Burg in einem
Pergamentmanuscript das Nibelungenlied, welches der Bischof Piligrin
von Passau im 10. Jahrhundert von einem bayerischen Dichter hatte
verfassen lassen. Es ist der Prunner Kodex in der kgl. Hofbibliothek
zu München. Das an der Außenseite der Burg angemalte Pferd, die
weiße Gurre im rothen Felde, ist das Wappenbild der Fraunberger.
Es wurde bei jeder Reparatur des Schlosses erneuert und gab dem
Volke Veranlassung zu zwei Sagen, deren eine der verstorbene Rektor
Mutzl in folgende Verse altdeutscher Form gebracht hat:

Diu wizziu Gurre ze Prunne.

Swer ere im erarnet, dem zimet hoher muot,
want niemer sie verswindet, si ist ein kostenlich guot.
Ze Prunnen an der Altmül, do stat ein hoch gesloz,
daran in rotem velde sihestu ein wizez ros.

Ich wil daz mære iuch sagen, swiez mir wart bekannt,
Diu wiziu gurre kennet jedweder in dirrem lant.
Ez saz in alten ziten zu Prunnen in dem tal
her Hadubrant, der riche geheizen über al.

Er was ein grifer Degen, biderbe unte guot
dri füne im erblüten, kuon unte hochgemuot:
Dietwin fo hiez der eine, ze jungeft im geborn,
diu andern Walther unt Hiltpolt, zwene rekken uzerkorn.

Do wolt' er den drien fünen teilen daz erbe fin,
er fprach: „Nu wellet horen, viel liebiu füne min:
„Ir folt ze prife riten, fwer erfte kumt ze ros
„gein Rietenburch unt keret, fol han das hoch geflos:

„Diu burch dort auf dem berge, diu fol fin eigen fin,
„ze Prunnen im tal ich belibe, unz ich lebende bin.
„Diu burch im tal fol haben der zweite nach minem tot,
„der drit fol fin entgolten mit golde liecht unte rot.“

Man zoch in uz dem marftal diu roffe fnel unt ftarch,
Dietwin dem jungen wart gefatelt fin wizez march,
Hiltpolt der kuone degen wol uf eine balwen faz,
Walther hat einen rappen daz deheimer je rante baz.

Uf ftig der vater zont berchfloß unt al fin liute mit
von dar er wolte fchouwen der füne kuonen rit.
Im tal do harten diu ritere, unz daz diu trumbe erklanch:
wie fcharten diu balden roffe! diu zit wart ine ze lanch.

Daz zeichen wart in geben, do vlouchen fi von dan:
hei wie diu degene ranten! daz gilos wolt jedweder han.
Unt kleiner je fi fchinen, fam dri vogelin,
ze vorderoft fach man vliegen des wizen roffes fchin.

Unz daz bi Rietenburch nider fie wanten den rit:
vor was Dietwin der junge wol eines veldes wit.
Unt nächer je unt nächer man in vliegen fach:
hei waz do uf dem geflose ein fchreien unt winken gefchach!

Do er zur burch gekommen der rekke hochgemuot,
gruozt vreiliben rot der vater den jungen kuon unt guot:
er fprach: „Nu foltu wonen als herre in diefem geflos,
doch foltu ouch iemer eren diu edel unt triuwes ros.“

„Ja,“ fprach der junge degen, „daz fi mit triuwe getan,
want miniu fnelle gurre mir den fig gewan.“
Unt fider ziert diu gurre daz rote veld am geflos:
fo konte der milte degen diu triuwe dem guoten ros.

Altenburg.

Jenen Lesern zulieb, welche der altdeutschen Sprache nicht kundig sind, fügen wir den Inhalt der Sage bei: In alter Zeit saß auf der Burg Prunn ein reicher Ritter Namens Hadubrand, welcher schon hoch in Jahren war. Er beschloß noch bei seinem Leben sein Vermögen unter seine drei Söhne zu theilen und ordnete an, daß sie einen Wett= ritt nach Riedenburg und zurück nach Prunn machen sollten. Der erste solle die Burg Prunn auf dem Berge, der zweite das Schloß im Thale, der dritte seinen entsprechenden Antheil in barem Gelde erhalten. Der Ritt ward gethan. Den ersten Preis gewann der jüngste der Söhne, Dietwin, der einen trefflichen Schimmel (eine weiße Gurre) ritt. Zum dankbaren Andenken ließ er dessen Bild an die Außenwand des Schlosses malen.

Die andere Sage, deren Grundgedanke derselbe ist, wie ihn Kör= ners Ballade „der Kynast" enthält, lautet also: Auf der Burg Prunn lebte einmal ein reicher Ritter, der keinen männlichen Leibeserben, son= dern eine einzige sehr schöne Tochter hatte. Den alten Herrn quälte schmerzlich der Gedanke, daß durch Verheiratung seines Mädchens die Burg mit den schönen Besitzungen in die Hände eines Fremden kom= men sollte. Da nun von allen Seiten junge Ritter kamen, und um das schöne Fräulein warben, setzte er ihnen eine schwere Bedingung. Wer die Mauern der Burg umreiten würde, sollte ihre Hand erhalten. Viele wagten den entsetzlichen Ritt auf der steilen Felsenwand, aber sie stürzten alle an der Stelle, wo der Schimmel angemalt ist, in den Abgrund. Dessen ungeachtet kam endlich wieder ein stattlicher Ritters= mann, voll Jugendreiz und Anmuth, als Brautwerber. Als er sich die furchtbare Bahn besehen, die er durchreiten sollte, bat er sich drei Tage Bedenkzeit aus. Und so betrachtete er am ersten und zweiten Tage die gähen Felsen und sann mit den schmerzlichsten Gefühlen nach, ob er denn kein Mittel erdenken könne, das Wagniß zu bestehen und das herrliche Fräulein zu gewinnen. Allein er konnte keines finden. Als er aber am Abende des dritten Tages hülflos und verzweifelnd am Fuße der Felsenwand ging, sah er aus einem Fenster der Burg an einer Schnur einen Zettel schweben, der immer tiefer herabkam, bis er ihn erreichen konnte. Er ergriff ihn und las die Inschrift: „Die Mauern reichen bis an den Grund." Und als er emporblickte, erkannte er das Antlitz des holdseligen Fräuleins, das sich liebend herabneigte. Da jauchzte ihm das Herz in der Brust vor Seligkeit Und erst jetzt bemerkte er, daß zwischen den Felsenklüften die Schloß= mauern wirklich den Grund berührten. Des andern Tages umritt er auf seinem Schimmel kühn die Mauern der Burg an den Seiten des Berges sowie in der Tiefe, und foderte von dem Ritter den köstlichen Preis. Wohl sträubte sich dieser, als ob der Sinn der Bedingung nicht erfüllt worden. Aber die Beredsamkeit des edlen Freiers und die Thränen der herbeigeeilten Tochter bezwangen sein Herz. Das Fräulein ward zur Stelle des glücklichen Ritters glückliche Braut. Das Bild seines Rosses aber ließ der Ritter zum Andenken an die Außenmauer der Burg malen.

Wenn wir bei Rußhausen über die Brücke auf das rechte Alt= müluser gehen, haben wir den nächsten Weg zu einer der großartigsten Naturschönheiten der Altmülalp. Es ist dieß die Klamm, wie sie der Entdecker, der verstorbene Revierförster Rohrmüller, benannte, der sie vor einigen Jahren zugänglich machte. Wir steigen auf ge= bahntem Pfade nicht gar weit empor, so empfangen uns die herrlich= sten Felsengebilde. Hier gewaltige Dolomitkolosse, welche mächtig zum Himmel ragen, dort groteske Gestalten der Steinmassen, tiefe Klüfte und Risse zwischen den Felsengiganten, Höhlungen, Nischen, Zacken und Klippen der wunderbarsten Art. Alle Flächen dieser Gestaltungen sind mit dem schönsten, üppigsten Moose geschmückt und über ihnen wölbt sich ein Dach von herrlichen Buchen, deren schlanke Stämme sich wohl 100' hoch zum Himmel erheben. Den erhabensten Anblick aber genießen wir an jener Stelle, wo die Felsenkolosse, auf drei Sei= ten in die Runde gruppirt, einen höchst großartigen Tempel bilden.

Alle einzelnen Partien dieser sich ziemlich weit verbreitenden merkwür=
digen Klamm sind durch Pfade und einfache Treppen, wo es nöthig
war, durch hölzerne Stiegen verbunden, so daß der Besuch derselben
ohne Gefahr ermöglicht ist. Man hat dem Entdecker und Einrichter
derselben mit Recht mitten darin ein kunstloses Denkmal gewidmet.

Vom Schlosse Prunn haben wir bis Riedenburg noch ein Stünd=
chen zu wandern. Wir kommen zuerst durch das Dorf P r u n n, dann
zu einer einsam stehenden kleinen Kirche, E m m e n t h a l, welche wegen
einer im J. 1649 herrschenden Pest gebaut wurde. Es hängt darin
das Bild des Regensburger Weihbischofes Sebastian Denich. Aus dem
Vermächtnisse dieses Mannes und seines Bruders Kaspar, der Professor
an der Universität Ingolstadt war, kauften die Jesuiten die Hofmarken
Randeck und Prunn, welche später eine Commenthurei des Malteser=
ordens bildeten. Weiter aufwärts im Thale folgt das einzelne Haus
A i c h o l d i n g, ehemals der Sitz einer Adelsfamilie, welche schon im
14. Jahrhunderte erlosch. Die dabei stehende im romanischen Style
gebaute Kirche ist sehenswerth. Gleich darauf liegt N e u e n k e h r s d o r f
am Wege, welches früher Kerstorf hieß und ebenfalls ein Adelsgeschlecht,
das der Kerstorfer, beherbergte. Ein zu Neuenkehrsdorf gehöriges Ge=
bäude ist das H o c h h a u s. Es erhebt sich an der Landstraße zu be=
deutender Höhe und ist deßhalb interessant, weil es, wie die Tradition
erzählt, das Badehaus der schönen Isabelle, der Schwester des Her=
zogs Ludwig des Bärtigen gewesen sein soll, welche sich als Gemahlin
des Königs Karl VI. von Frankreich als die böse Königin Isabeau in
der Geschichte ein unrühmliches Andenken schuf. Sie scheint sich in
ihren Jugendtagen auf der Riedenburg aufgehalten zu haben. — Am
Ende des 15. Jahrhunderts wurde hier ein Eisenhammer errichtet.

Schon von Prunn an haben wir immer das reizende, höchst ro=
mantische Bild von R i e d e n b u r g vor Augen. Es gehört zu den
schönsten Berglandspartien, die man sehen kann. Gerne wandern wir
in den netten, reinlichen Marktflecken ein. Er hat großentheils eine

abhängige Lage, und gerade diese Beschaffenheit gibt ihm einen recht
malerischen Charakter. Die eine und andere seiner Gassen zieht sich
den Berg hinan, und der Fahrweg gegen die Burg hinauf hat so
ziemlich etwas Halsbrecherisches, wie es denn unsere Altvordern in
dergleichen Dingen eben nicht sehr genau nahmen. Der schlanke, spitzige
Kirchthurm paßt ganz trefflich zu dem anmuthigen Aussehen des Ortes.
Auf dem höchsten Punkte des Berges, an welchen sich der Marktflecken
anschmiegt, steht das Schloß Riedenburg, welches auch die Ro=
senburg hieß, und bezeichnet schon dadurch die Herrscherwürde, welche
ihm in der Vorzeit eigen war. Denn in ihm wohnte hochgebietend
vom Jahre 950 bis 1185 das mächtige Dynastengeschlecht der Grafen
von Ritenburg, Stephaning und Lengenfeld, die zugleich des Kaisers
Burggrafen von Regensburg waren. Wahrscheinlich stammten sie aus
dem Geschlechte Luitpolds, des geschichtlich erwiesenen Stammvaters
des Wittelsbachischen Fürstenhauses. Unter der Riedenburg ragen auf
einem Felsen noch Reste einer zweiten Burg, Rabenstein, und ge=
genüber, bloß durch einen schmalen Bergeinschnitt getrennt, die Ruinen
der dritten Burg, Tachenstein, aus welchen sich noch ein stattlicher
Thurm gleichsam als Zeuge einer vergangenen Herrscherzeit erhebt.
Auch die beiden anderen Burgen hatten einst solche Wartthürme. Alle
diese Schlösser und der unten liegende Marktflecken waren ehemals durch
eine gemeinsame mit mehreren Thürmen ausgestattete Ringmauer ver=
bunden und geschützt. Auf Tachenstein und Rabenstein scheinen Mini=
sterialen der mächtigen Grafen ihren Wohnsitz gehabt zu haben. Den
Standpunkt für die schönste Ansicht Riedenburgs pflegt man auf der
Seite des Dieterzhofer Berges zu nehmen, an welchem sich die neue
Straße nach Jachenhausen emporzieht. Wiewohl wir nun die
großen Reize derselben nicht in Abrede stellen, so können wir doch nicht
umhin, den großartigsten und eigentlich malerischen Anblick dieses Land=
schaftsbildes für eine Strecke in Anspruch zu nehmen, die sich auf der
Straße von Gundelfing her findet. Da wird das Auge des Beschauers

von ungewöhnlichen Schönheiten entzückt. Die beiden steil ansteigen=
den Berge mit ihren grotesken Felsen, hoch oben auf dem Gipfel die
noch bewohnte Riedenburg, zu ihrer Linken und Rechten die phanta=
stischen Ruinen der beiden anderen Burgen, am Fuße der Berge der
hübsche, friedliche Marktflecken, das liebliche Wiesenthal mit dem ruhi=
gen Flusse und dem freundlichen Canale, darüber auf beiden Seiten
die schön bewaldeten Berghängen, — dieß alles stellt uns ein wun=
derbar reizendes Bild dar, über welches der Zauber der süßesten Ro=
mantik ausgebreitet ist.

Die schönen Gebilde aber, welche in dieser Gegend die Natur
hervorbrachte, sind den Bewohnern nicht stumm geblieben. Für dieses
Verständniß zeugen nicht bloß die sinnigen Benennungen, welche sie
mehreren Felsengestalten gaben, wie: der Frauenstein, der alte Ritter,
die drei Könige, die Mariahülf, die Kanzel, der Heuwagen, der Hafen=
deckel ꝛc. ꝛc., sondern noch mehr einige Sagen, welche eine tiefe poe=
tische Stimmung beurkunden.

Nicht weit von Riedenburg am Lintlberge führt der Weg nach
dem Dorfe Buch an einem Felsengebilde vorüber, welches einer Men=
schengestalt sehr ähnlich ist, die einen Korb am Arme trägt. In alter
Zeit, wenn die Bauernweiber von Buch in ihren Körben Eier und
Schmalz nach Riedenburg zu Markte trugen, stand hier jedesmal eine
Bettlerin am Wege und bat um eine Gabe. Es war die Mutter
Gottes. Was sie empfing, theilte sie unter die Armen der Umgegend
aus, denen es ein recht ersprießlicher Segen ward. Einmal kam mit
bedecktem Korbe eine Bäuerin herab, die ein recht geiziges und un=
freundliches Weib war. Die Bettlerin am Wege flehte zu ihr um die
gewöhnliche Gabe. Allein die Bäuerin betheuerte, sie habe nichts bei
sich, und als das arme Weib ihr nicht glauben wollte, verstärkte sie
ihre Aeußerung durch den vermessenen Wunsch, sie solle gleich zu Stein
werden, wenn sie etwas im Korbe habe. Da wurde sie von der

Mutter Gottes in Stein verwandelt und steht noch heute als war=
nende Gestalt am Wege, und diese Gestalt heißt der Frauenstein.

In Harlanden, einem Dörfchen oben auf der Berghöhe am
Wege nach Eggersberg, war in alter Zeit ein Edelsitz. Dort lebten
einmal zwei Fräulein, welche äußerst fromm waren. Sie gingen täg=
lich nach Riedenburg in die Messe, wo sie in der Kirche einen eigenen
Platz hatten. Als sie gestorben waren, kamen sie oft zur Zeit des
Gottesdienstes in Riedenburg als weißgekleidete Geister herüber zu dem
Tachenstein und feierten von dort aus in Andacht die Messe mit. Sie
mischten sich auch oftmals unter die Kinder, welche daselbst auf dem
Berge spielten, waren gar freundlich gegen sie und machten ihre Spiele
mit. Seit langer Zeit kommen sie nicht mehr. Das Schicksal, daß
sie trotz ihres andächtigen Wandels doch nach ihrem Tode als Gespen=
ster umgehen mußten, läßt auf den geheimen Sinn schließen, ihr sitt=
licher Wandel habe denn doch nicht ganz der frommen Aeußerlichkeit
entsprochen.

Eine Viertelstunde oberhalb Riedenburg erhebt sich am linken Alt=
mülufer eine hohe, kahle Felsenwand, der Teufelsstein, mit den
sonderbarsten Gebilden, gegen 500' lang, eine Miniature des „Kaisers"
bei Kufstein. Auf der Höhe derselben stand, wie die Sage erzählt,
einst ein Frauenkloster. Der Teufel aber bekam Gewalt darüber und
ruhte nicht, bis es zerstört und gänzlich verschwunden war. Er trieb
daselbst überhaupt sein Unwesen, brachte viele Wanderer in die Irre
und stürzte sie in den Abgrund, wodurch er ihrer Seelen habhaft
wurde, da sie ohne Beicht und Absolution gestorben waren. Endlich
fand er an einem Hirtenbuben seinen Meister. Diesen lockte er gleich=
falls auf den Felsen und foderte ihn zu einem Spiele, dem Mühlfahren,
auf. Wer das Spiel gewinne, dürfe den anderen über den Felsen
hinabstürzen. Auf der Felsenplatte waren aber die Linien dieses Spie=
les eingegraben, wie man sie noch heutzutage sieht. Der Knabe ging
darauf ein und gewann das Spiel. Sogleich entfloh der Teufel, und

zwar mit solcher Eile, daß man die Spur seines Bocksfußes noch auf dem Felsen bemerkt. Auch die Fußtapfe des Hirtenknaben ist noch im Gesteine eingedrückt. Es ist, als ob sie miteinander gerungen hätten. Von dem oben erwähnten Kloster erzählen die Einwohner, es sei, nach seiner Zerstörung durch den Teufel, an dem Orte neu aufgebaut worden, wo jetzt die Einödschaft St. Ursula steht. Aber auch dort sei es wieder zu Grunde gegangen. Leute, welche daselbst des Nachts vorüber= giengen, haben schon oft die beleuchtete Kirche gesehen und den Chor= gesang der Nonnen vernommen.

Nach dem Erlöschen der Grafen von Riedenburg fiel die Herr= schaft gleichwie die übrigen Besitzungen dieser reichbegüterten Familie an das herzogliche Haus. Von dieser Zeit an bildete Riedenburg mit der umliegenden Gegend bis in die neuere Zeit ein herzogliches Pfleg= amt. Riedenburg ist jetzt der Sitz eines kgl. Landgerichts und Rent= amtes, welches letztere sich oben im Schlosse Riedenburg befindet. Sonderbar ist es, daß dieser Marktflecken, wiewohl er über 1300 Ein= wohner zählt, keinen eigenen Pfarrer hat, sondern in dem kleinen, eine halbe Stunde entlegenen Weiler Schambach eingepfarrt ist. Gleich= wohl bildete er in früheren Zeiten eine eigene Pfarrei, deren Pfarrer im Orte wohnte. Wie sich diese Verhältnisse änderten, darüber gibt die Chronik Riedenburgs keinen vollständigen Aufschluß. Im Jahre 1860 wurde jenseits der Altmül ein Nonnenkloster gegründet, welchem der Unterricht der weiblichen Jugend übergeben wurde. Jetzt ist mit ihm auch ein Erziehungsinstitut verbunden.

Unmittelbar an dem Marktflecken macht die Altmül eine große Biegung, durch welche zwei Thäler entstehen, das eine östlich, durch welches wir hergewandert sind, das andere nördlich gegen das Dörfchen Gundelfing. Ein drittes Thal, dessen Einmündung man kaum bemerkt, schließt sich südlich hinter dem Marktflecken an. Es ist das Schambachthal, dessen Eingang durch die Felsen des Lintl= berges verdeckt wird. Da dieses Thal sich durch seine landschaftlichen

Reize und durch viele historische Merkwürdigkeiten auszeichnet, so machen wir uns frohen Sinnes zum Besuche desselben auf. Zur Abkürzung des Marsches und damit wir nicht, weil denn doch die Rückkehr nach Riedenburg geboten ist, zweimal denselben Weg nehmen müssen, treten wir die Wanderung über die Berghöhe an. Wir steigen den Pfad neben der Burg empor und gelangen hart an der Einödschaft Grub vorbei in den Wald, welcher den sonderbaren Namen „die Sinzenhauserin" führt und Eigenthum der Bürger von Rieden= burg ist. Sobald wir aus dem Walde hervorkommen, liegt das Dörf= chen Hattenhausen vor uns. Wir schlagen den Fußsteig ein, welcher zur Rechten an demselben vorbei und nach Schafshüll führt. Von hier haben wir nur noch eine kurze Strecke zu gehen, so kommen wir auf dem Mühlberge an, von dessen Höhe uns im Thale schon das Pfarrdorf Schamhaupten sichtbar wird, in dem wir nach einigen Minuten anlangen und in dem trefflichen Gasthause zur Post Einkehr nehmen. Schamhaupten liegt in einem engen Thalkessel einge= schlossen, und seine Häuser haben eine sehr zerstreute Lage, was einen hübschen Anblick gewährt. Auf dem Kästelberge gegen Westen stand eine Römerburg. Die noch sichtbaren Mauertrümmer, deren Umfang mehr als 400 Schritte beträgt, lassen auf die Größe des Werkes schließen. In der Umgegend von Schamhaupten finden sich auch noch andere Verschanzungen und viele Grabhügel, und nur einige hundert Schritte südlich vom Orte zieht der Pfahlranken vorbei. Schon im eilften Jahrhunderte saß in Schamhaupten ein davon benanntes Adels= geschlecht. Im Jahre 1137 wurde von einer hier begüterten Edelfrau, Gertrud, und ihrer Tochter Luitgard ein Kloster für regulirte Chor= herren gestiftet. Die Herren von Stein (Altmanstein) waren dessen Schirmvögte, übten aber oft schweren Druck auf dasselbe. Das Kloster konnte sich überhaupt zu keinem rechten Gedeihen erheben und kam all= mälig so herab, daß endlich, nachdem auch eine vorgenommene Re= formirung nichts geholfen, die Gebäude verfielen und die Mönche aus=

wanderten. Im Jahre 1606 wurde es aufgehoben und dessen Ein=
künfte der Universität Ingolstadt zugewiesen. Aus dem letzten Reste
der Klostergebäude ist der Bauhof des Bräuers, aus der Kirche ein
Faßhaus geworden. Hinter dem Waschhause des Gasthausbesitzers ent=
springt die Schambach (Scammaha, Schamm=Ach, kurzes Wasser.)

Nach kurzer Wanderung durch ein schmales Wiesenthal, dessen
Berghängen mit schönen Waldungen bewachsen sind, kommen wir nach
Sandersdorf, das uns schon von Schamhaupten an entgegensah.
Das Schloß, welches mit seinen Nebengebäuden auf einer Anhöhe steht,
hat ein gebietendes Ansehen und ist in jenem deutschen Style gebaut,
welchen wir an vielen Landschlössern des sechzehnten Jahrhunderts mit
Wohlgefallen bemerken. Diese stämmigen Mauern, diese Eckthürme
und Giebel mit ihren Staffelzinnen, welche Kraft verkündend zur Höhe
ragen, eignen sich unseres Bedünkens viel bezeichnender und würdiger
für den Landsitz eines deutschen Adelsgeschlechtes als jene geschniegelten
schwächlichen Gebäude des Zopfstyles, denen als eingeschmuggelten Fremd=
lingen unsere Eichen= und Buchenwälder gleichsam Hohn zu sprechen
scheinen. Um die Mitte des 13. Jahrhunderts erscheint in Urkunden
eine adeliche Familie, die sich die „Santerstorfer" nennt. Vom 14. Jahr=
hundert an war Sandersdorf im Besitze der reichen Muggenthaler. Im
Jahre 1675 kam es durch Erbschaft an die Freiherren von Bassus.
Dieses Geschlecht leitet seine Abkunft von der römischen Familie Bassus
aus dem Hause (gens) der Anicier her. Später war es im Veltlin
und in Graubündten seßhaft und kam im 17. Jahrhundert nach
Bayern, wo Dominikus Bassus, der Erbe Sandersdorfs, Professor
juris in Ingolstadt war. Von dem Schlosse hat man eine zwar nicht
weite, aber hübsche Aussicht in das Schambachthal nach Norden und
Osten. Bei dem Schlosse befindet sich ein schöner Garten mit gut
gepflegter Gärtnerei. Ein Stündchen von Sandersdorf gegen Süden
liegt Mendorf, der Geburtsort des berühmten Componisten Simon
Mayr, der den größten Theil seiner Lebenszeit in Italien zubrachte

und den Geist der deutschen Musik in dieses Land verpflanzte. Er starb hochgeehrt von den Italienern als Kapellmeister in Bergamo im Jahre 1845. Eine Gedenktafel am Schulhause zu Mendorf ehrt sein ruhmvolles Andenken, so wie ein prachtvolles Marmormonument zu Bergamo. Von Sandersdorf an sind die Berge auf beiden Seiten niedriger bis nach Altmanstein, und die Bewaldung derselben hört zur Linken ganz, zur Rechten großentheils auf, wodurch die Landschaft sehr an Schönheit verliert. Nach einem halben Stündchen sind wir in Neuhinzenhausen, einem Dorfe, wo einst eine Adelsfamilie gleichen Namens saß. Schon längere Zeit war deren Herrschaftsschlößchen in Verfall und wurde im Jahre 1866 gänzlich abgebrochen. In dem Dorfe nehmen wir den Weg vom Landsträßchen weg längs der Berg= hänge zur Rechten und kommen an vier Mühlen vorüber, welche in kurzen Zwischenräumen nach einander an der Schambach liegen. Sie führen deßhalb als Complex den Namen Viermühlen. Nahe dabei folgt das Pfarrdörfchen Solern, welches sehr alt ist und bis in die Zeit der Römer hinaufreicht. Man vermuthet, daß sie hier eine Sonnen= uhr, Solarium, hatten, wovon des Ortes Name rühre. Da aber das Wort Solarium auch ein Wohnhaus mit solcher Einrichtung bedeutet, daß zur Winterszeit die Sonnenstrahlen reichlichen Zutritt haben, so empfiehlt sich besser die Annahme, daß ein vermöglicher Römer hier ein solches Gebäude besessen habe, von welchem dann der Name des Ortes stammte.

Nach kurzer Wanderung über einen Hügel stellt sich uns Alt= manstein dar. Es gewährt einen höchst romantischen Anblick. Ein= gezwängt zwischen zwei Bergwände, die alte Burg der Abensbergischen Babonen auf steilem Felsenberge über sich, hinter dem sich das Gehölz des Kochberges als Hintergrund anschließt, bildet es eine sehr malerische Berglandschaft, deren Schönheit durch die Wiesen des schmalen Thales mit dem munteren Flüßchen und durch die netten Häuser, welche terrassen= artig an den Berghängen hinansteigen, höchst anmuthig erhöht wird.

Der Marktflecken ist sehr alt. Im Jahre 1331 verlieh ihm Kaiser Ludwig der Bayer die Rechte und Freiheiten, wie sie die Reichsstadt Rothenburg genoß. Die Burg war ein Kastell der Römer und führte den Namen Ad lapidem. Den Namen „Stain" behielt sie, bis sie in den Besitz der Grafen von Abensberg gekommen war. Von einem derselben, Altman II., bekam sie den Namen Altmanstein. Der Römer-thurm in der Burg, der sich so majestätisch erhebt, ist uns besonders merkwürdig, weil er in runder Gestalt gebaut ist und nur eine seiner Seiten eine flache Wand zeigt, die etwa den vierten Theil des ganzen Umfangs beträgt. Etwas entfernt von dem Thurme nach Westen hin steht eine hohe Mauerwand, die durch ihre schönen Kropfquader ihren römischen Ursprung verkündet. Einige Hundert Schritte südlich von der Burg zieht die Teufelsmauer vorüber. In einer Stelle in Aventins deutscher Chronik wird Altmansteins Erwähnung gethan, und da diese Stelle uns ein merkwürdiges Gemälde von dem Faustrechte gibt, welches im 15. Jahrhundert in vollster Blüthe stand und besonders auch in dieser Gegend seinen traurigen Schauplatz hatte, so können wir es uns nicht versagen, sie hier einzusetzen.

„Von der Reuterei (ritterlichen Räuberei) dieser Zeit in Bayern, wie sie Herzog Heinrich von Landßhut vnd H. Albrecht von Mönchen (München) ausreut. Dieser Zeit (1446.) nehret sich der Adel in Bayern, wie etwan in Franken, auß dem Stegreif, ritten zu Abensperg bei Herrn Hannsen auß und eyn, warffen, was den Reichsstätten zugehört, darnieder, dergleichen ritten sie zu Neuenhauß, so Paulum Zenger zugehört, auß und eyn, hetten alba ihr gewaltig außreiten, waren die Straßen unsicher, geschah den Fürsten merklicher Abbruch im Zoll und Mauten. Die Fürsten H. Hainrich und H. Albrecht wollten solches nicht gestatten noch leiden, H. Heinrich wollt Abensperg vber-zogen haben, das vnderstunde Probst Peter von Rohr, dieselbige Zeit ein fast geschickter Mann, macht fried, mußt der von Abensperg die Reuter vrlauben, ihn nicht wider Geleid geben, ihn vberzochen auch die

Reichsstätt vnd ihre Verwandten, nemlich die von Nürnberg, brennten vnd plünderten Hagenhyl, Solern und Altmanstein, fiengen den Gebel, einen Richter, führten jn hinweg, dergleichen gewannen sie das Schloß Flüglsperg, oberhalb Rietenburg, so diselbige Zeit der Murherrn war, brenntens auß, Herr Hanf von Haibeck plündert auch das Kloster Scham=haupt, Herzog Albrecht von Mönchen fing zween Cammerawer mit eilff Gesellen, ließ ihn allen zu Straubing die Köpf abschlagen. Ruckt auch vrplötzlich für den Täbor Neunhausen, Paulum Zenger gehörig, ge=wann denselben, fieng 500 Gesellen drin, die schmidet er in Ketten, ließ ain Thail ertrenken, die meisten köpfen, raumet also das Land, machet die Straß sicher, und reich Zoll und Maut." In der Burg zu Altmanstein lebte einmal ein junges, schönes Fräulein bei ihrem Vater, der Wittwer und ein roher, hartherziger Mann war. Ohne dessen Willen und Wissen schloß sie mit einem Ritter der Nachbarschaft einen innigen Herzensbund und pflegte lange Zeit heimliche Zusammen=künfte mit ihm. Endlich wurde dies dem Vater verrathen. Er über=fiel die Liebenden und erschlug den Buhlen vor den Augen des un=glücklichen Mädchens. Ueber dieses furchtbare Ereigniß kam die Arme ganz außer sich, nichts konnte sie mehr beruhigen und sie hörte nicht auf, ihrem Vater die heftigsten und wildesten Vorwürfe zu machen. Der reuige Mann erkrankte, und als sie mit ihrem Zornesungestüm nicht nachließ, schleuderte er auf dem Sterbebette den Fluch gegen sie, nach ihrem Tode solle sie ruhelos in der Burg wandeln, so lange noch ein Stein derselben vorhanden wäre. Nun treibt sie bis zu diesem Tage auch unter den Trümmern derselben noch ihr unheimliches Wesen und wirft die Steine von der Höhe bei Tag und Nacht, um endlich zur Ruhe zu gelangen. Im Jahre 1485 kam Altmanstein mit der Grafschaft Abensberg an das Herzogthum.

Von Altmanstein an kommen wir vor ein paar Mühlen und einem Hofe im einsamen Thale vorbei, unterhalb welcher die Waldungen an den höher ansteigenden Berghängen wieder beginnen. Endlich schaut uns eine dritte Mühle entgegen, welche zwischen schönen Baumgruppen versteckt ein äußerst freundliches Landschaftsbild gewährt. Unterhalb dieser Mühle, welche die Leiftmühle heißt, wendet sich das Thal mit einemmal gegen Norden, und wir werden von einem eigenthümlichen Anblicke überrascht. Auf einer Berghöhe zur Linken stellt sich das Schloß Hächsenacker dar mit einem sonderbaren Thurme und einer jener schmalen Kirchen, wie wir sie auf alten Gemälden und Kupfer- stichen gesehen, aber nur für Phantasiegebilde gehalten haben. Am Fuße des Berges liegt das gleichnamige Dorf mit einer herrschaftlichen Brauerei. Alles zusammen mit dem anmuthigen Thale und den waldbekränzten Bergen bildet eine Ansicht, auf welcher das Auge mit innigem Wohl= gefallen ruht. Hächsenacker, welches mit wohl zehnerlei verschiedener Schreibung seines Namens vorkommt, war ehemals eine bedeutende Hofmark. Besitzer des Ortes, die sich davon benannten, kommen schon im 11. Jahrhunderte vor. Im 15. Jahrhundert kam es in den Besitz der Muggenthaler, einer vielbegüterten und angesehenen Familie des Landes. Ungewöhnlich reich für seine Zeit war Georg von Muggen= thal, der außer seinen vielen Gütern an Kapitalien über 160,000 Gulden auf Zins stehen hatte, eine für jene Zeit ungewöhnlich große Summe. Er starb im J. 1662. Der letzte Sprößling dieses Geschlechtes wanderte als blinder Bettler durch die Besitzungen seiner reichen Ahnen, indem er einen Scheinhandel mit schlechtgemachten künstlichen Blumen und allerlei Kleinigkeiten aus Buntpapier trieb. Seine Frau trug die Waare, er marschirte neben her; milde Gaben der Landleute waren ihre Haupt= nahrung. Er starb hohen Alters in äußerster Dürftigkeit zu Regens= burg um den Anfang der Vierziger Jahre dieses Jahrhunderts. Jetzt ist Hächsenacker im Besitze der Herren von Weidenbach in Augsburg. Wir haben nach Riedenburg nunmehr noch eine gute Stunde zu wandern; doch wird uns der Weg dahin durch den Anblick des Wiesenthales mit seinen friedlichen Mühlen, der schön bewaldeten Berge und der grotesken Felsen aufs angenehmste verkürzt. Das Oertchen Schambach, auf das wir stoßen, hat zwar nur drei Häuser, ist aber doch der Sitz einer Pfarrei, welcher Riedenburg einverleibt ist. Bemerkenswerth ist sein Pfarrhaus, welches ein nicht unansehnliches Viereck bildet und einem Klosterhospitium gleicht. Sehr befriedigt von der Schönheit des Schambachthales treffen wir wieder in Riedenburg ein.

Der schönen Aussichten wegen ist es rathsam, bei der Fortsetzung unserer Reise den Weg über Eggersberg einzuschlagen. Wir steigen deßhalb den Pfad zur Rechten des Schlosses Riedenburg empor. Haben wir die Höhe erreicht, so wenden wir uns zurück und schwelgen in einer der schönsten Aussichten. Zur Rechten ragt die Riedenburg in die Luft, zur Linken die Ruinen von Tachenstein, in der Tiefe ruht der Marktflecken lieb und heimlich mit seinem spitzen Kirchthurme, weiterhin streckt sich das Thal hinab und aus der Ferne herüber schaut die Burg Prunn und der Thurm von Randeck, den Hintergrund schließen dunkle Waldungen, welche zugleich den ganzen Gesichtskreis in weitem Bogen umfassen. Wir trennen uns ungerne von dem herzerhebenden Anblicke, um unseren Marsch fortzusetzen. Das Dörfchen Harlanden, welches hier vor uns liegt, lassen wir links und kommen durch eine kleine Bodeneintiefung auf die jenseitige Flur, wo uns zur Rechten das Pfarrdorf Eggersberg liegt, in welchem die Familie der Freiherren von Bassus ein Landschloß mit Oekonomiebesitzungen hat. Aus dem Altmülthale von Gundelfing her gesehen, bildet es eine Zierde der schönen Landschaft. Seine Bauart ist dieselbe, von welcher bei dem Schlosse von Sandersdorf die Rede war. „Das alte Schloß, welches noch Ruinen römischer Bauart bezeichnen, lag auf einem ungeheueren Felsenvorsprung mit einer sehr anziehenden Aussicht in das herrliche Altmülthal.“ An der Stelle des alten Schlosses wurde eine kleine Kirche erbaut, welche gleichfalls schon wieder Ruine ist. Das felsenfeste Gemäuer mit den Kropfquadern, welches bei der über den Graben führenden Knüppelbrücke die Seitenwände bildet, ist unverkennbar Römerwerk. Wenn man auf die breite Felsenplatte hinaustritt, hat man in der That eine sehr reizende Aussicht, erstlich zu den Füßen in grausenhafter Tiefe Unteregger8berg, weiterhin rechts Oberhofen und Gundelfing, welches ehemals der Sitz einer Adels= familie, der in Urkunden oft genannten Gundelfinger war, zur Linken zwei andere kleine Dörfer und im ganzen Umkreise die frischesten Wal= dungen. Die Thurmspitze, welche dort nördlich im Thale hinter Wäl= dern herüberschaut, ist die der Pfarrkirche von Dietfurt. Die ganze Landschaft hat einen höchst idyllischen Charakter, und das Auge ruht mit friedlichem Behagen auf ihr. Das Pfarrbuch des Ortes gibt in einer ganz kurzen Notiz einen furchtbaren Zug von den Verheerungen des dreißigjährigen Krieges. In einer Aufschreibung des Pfarrers heißt es vom Jahre 1635: „Zu der jährlichen nach St. Salvator (Bet= brunn) zu opfernden Kerze konnte keine Sammlung veranstaltet wer= den, weil sich in der ganzen Pfarre nur drei Familien, im Ganzen nur 10 Personen befinden."

Auf einem großentheils mit hölzernen Stufen versehenen Fuß= steige nehmen wir unseren Weg in's Thal hinab. Wir wandern hier aber nicht lange, so öffnet sich links ein schmales Seitenthal, in wel= chem sich nicht gar ferne ein kleines Dorf mit Thurm und Kirche zeigt. Dieß ist das Pfarrdorf Altmülmünster. Hier bestand in ältester Zeit ein Kloster, wie schon sein Name verräth; aber jetzt ist nichts mehr davon übrig als ein kleiner Theil eines Kreuzganges. Dieses Kloster, im Jahre 1150 von den Grafen von Riedenburg gestiftet, wurde von ihnen den Tempelherren als Eigenthum übergeben. Im Jahre 1312 nach der Austilgung dieses Ordens, räumte Herzog Lud= wig das Kloster den Johannitern ein, denen es bis zur Säcularisation verblieb. „Noch geht die Sage unter dem gemeinen Volke dahier, es seien mitten in der Nacht Bewaffnete gekommen und haben die dahier wohnenden Templer fortgeführt." Jedenfalls müssen diese Herren der Schwelgerei sehr ergeben gewesen sein; denn das hiesige Volk sagt noch heute: „Du sauffst wie ein Tempelherr."

Nicht weit geht unser Weg, so sind wir im Dorfe Deißing, welchem gegenüber am linken Altmühlufer Mayern liegt, einst eine dem Hochstift Eichstätt gehörige Hofmark. Auch das Schloß Flügelsberg gehörte dazu, welches auf einem hohen steilen Berge über dem Dorfe lag. Jetzt sieht man nur noch wenige Trümmer davon. Die Gebäude der ehemaligen Schloßbauern sind noch bewohnt. Im 13. Jahrhundert hausten in dieser Burg die Schenken von Flügelsberg, welche bald ausstarben. Im Laufe der Zeit kam sie an verschiedene Familien. Im Löwlerkriege wurde die Feste, welche damals im Besitze der Paröberger war, von Herzog Albrechts Truppen 1491 erstürmt und zerstört. Sie muß groß und geräumig gewesen sein. Denn 12 schwer beladene Wägen führten die Beute nach Dietfurt. Aufgebaut wurde die Burg nicht wieder. Die Fürstbischöfe von Eichstätt kauften die Herrschaft im J. 1712 von den Grafen von Seiboltsdorf, und von nun an hieß sie die Hofmark Mayern. Dem Schlosse Flügelsberg gerade gegenüber am rechten Altmühlufer sieht man auf dem Kühberge verfallenes Gemäuer, Wälle und Gräben, was auf ein ehemaliges Schloß deutet. Der Name des nahe gelegenen Kästelhofes läßt auf eine römische Befestigung schließen.

Wir setzen unseren Weg auf dem Fußpfade am rechten Altmühlufer fort und erfreuen uns des erquicklichen Anblickes der hohen von Wäldern bewachsenen Berge und der Wiesenflächen im Thale. Ehe wir zu einem einzeln stehenden Bauernhofe, dem Einsidelhofe, gelangen, dürfen wir nicht außer Acht lassen, unsere Blicke an das jenseitige Ufer zu richten, wo sich uns ein recht hübsches Landschaftbildchen darstellt. Es guckt dort gar anmuthig das Dorf Mühlbach aus einem kleinen mit schönen Bergen umfaßten Seitenthale hervor. Wahrscheinlich hatten die Grafen von Hirschberg in diesem Dorfe ein Schloß. Denn hier vermachte der letzte Graf dieses Hauses, Gebhart VI., im J. 1304 seine Grafschaft dem Bisthume Eichstätt. Von dem Einsidelhofe erreichen wir den Weiler Griesstetten in einer halben

Stunde. Hier ist eine Wallfahrtskirche, welche den sogenannten elen=
den (elend ist altdeutsch und so viel als ausländisch, fremd) drei Hei=
ligen geweiht ist. Sie hießen Bimius, Zimius und Martinus, waren
Schotten und lebten hier als Einsiedler. Griesstetten gehörte mit mehreren
umliegenden Besitzungen dem Schottenkloster zu St. Jakob in Regens=
burg. Das Landvolk der Gegend nennt diese Mönche nie anders als
Jakobiner und hat dabei nicht die geringste Ahnung von dem argen Con=
traste mit deren französischen Namensgenossen. Eine Viertelstunde nörd=
lich von Griesstetten sehen wir das Städtchen **Dietfurt** (siehe nächste
Seite) liegen. Man leitet seinen Namen von dem bayerischen Herzoge
Theodo 1. ab, der im J. 508 mit seinem Volke hier über die Altmül
gegangen sei, um die durch die Völkerwanderung verödeten Länder im
Süden der Donau wieder in Besitz zu nehmen. Allein man wird
wahrscheinlich besser thun, bei dem Mangel historischen Nachweises sich
bloß an die sprachliche Bedeutung des Wortes zu halten. Dieses, wie
jedes andere Tietfurt heißt nämlich nichts anders als: Volksfurt, all=
gemeine Furt. Es war die für Jedermann gewöhnliche Ueberfahrts=
stelle. Ueberdieß macht das Vorhandensein zweier Tietfurt an der
Altmül, die fast 20 Stunden von einander entfernt sind, obige ge=
schichtliche Erklärung etwas bedenklich. Zum Unterschiede von dem
bei Pappenheim liegenden Dorfe Tietfurt heißt dieses hier auch **baye=
risch Dietfurt.** Schon im Jahre 1330 hatte es Mauern, Wall
und Graben zum Schutze gegen die Reiterei des Adels, der damals
großentheils vom Stegreife lebte. Im Jahre 1525 zog der Pfleger
von Dietfurt, Erhard von Muggenthal, als Landrichter der Grafschaft
Hirschberg mit Fußvolk und Reisigen und schwerem Geschütz dem Bis=
thume zu Hülfe, das von den aufrührerischen Bauern hart bedrängt
wurde, und trug viel zur Unterdrückung des Aufstandes bei. Zur
Zeit, als auch im Herzogthume Bayern die Reformation Luthers um
sich griff, wurde der Name einer gelehrten Frau, der **Argula von
Grumbach,** häufig genannt. Diese lebte längere Zeit in Dietfurt

und war die Gattin des dortigen Pflegers Friedrich von Grumbach.
Sie predigte die neue Lehre vor der Dietfurter Gemeinde und nicht

Dietfurt.

ohne Erfolg. Dafür wurde sie sammt ihrem Manne aus dem Orte
verbannt. In Dietfurt befindet sich ein Franziskanerkloster, welches

trotz des Widerspruches des Bischofs von Eichstätt und des Pfarrers
von Dietfurt 1660 errichtet wurde. Und das ist der Nachwelt auch
in materieller Beziehung zum Heile geworden. Denn in unseren Tagen,
da die gewissenloseste Habgier die meisten Braustätten zu Giftsiedereien
gemacht hat, sprudelt in dem Franziskanerkloster zu Dietfurt wie in
den andern Anstalten dieses Ordens der Quell des reinen, ehrlichen
Gerstensaftes noch immer unverändert, und es ist ein Trost für die
Bier trinkende Welt, daß in diesen geistlichen Stätten für die Zukunft
wenigstens das Recept zu einem gesunden Getränke aufbewahrt wird.
Wer mit den Verhältnissen nicht bekannt ist, möchte wohl leicht auf
den Gedanken kommen, daß die Franziskanermönche in großem Luxus
oder gar in Völlerei schwelgen. Allein er möge sich darüber beruhigen.
Bei der einfachen Küche und den vielen Fasttagen dieses Ordens wird
ein gutes und gesundes Getränk für ein Hauptnahrungsmittel ange=
sehen, aber an die Klostergenossen nur in bescheidenem Maße abgereicht.
Darum hat der Bierfreund keine Ursache, die armen Franziskaner um
die Quantität, wohl aber alle Ursache, sie um die Qualität ihres
edlen Gerstensaftes zu beneiden.

Von Griesstetten aus stehen uns zwei, und wenn wir wollen
sogar drei Wege nach Beilngries zur Wahl. Denn außerdem, daß
wir über den Atzberg wandern können, führt ein Weg längs des
Canales durch das Othmaringer Thal und ein anderer durch
das Altmühlthal zu dem genannten Städtchen. Der letzte ist der schönste
und interessanteste, und diesen wählen wir. Der erste Ort, den wir
betreten, ist das Pfarrdorf Töging. Es war in früherer Zeit ein
Marktflecken und soll nach einem alten Dietfurter Stadtbuche schon im
J. 413 n. Chr. gestanden haben. Früher hatte es ein Schloß, welches
vor grauen Jahren der Sitz der Ritter von Edelsheim war, die auch
die Angelberger hießen. Nach diesen kam es an die Schenken von Töging
im 13. Jahrhundert, hierauf an die von Hegnenberg, welche es an
das Hochstift Eichstätt verkauften. Es befand sich hier ein fürstbischöf=

13 *

liches Kastenamt in dem ehemaligen Schloſſe, das jetzt im ärgſten
Verfalle ſteht und wie eine Trauerſtätte von der Unbill der Zeit Zeug=
niß zu geben ſcheint. Es geht die Sage, einſt habe in Töging ein
Kloſter beſtanden; daß aber eine Judenſynagoge hier war, iſt ſicher.
Bei der Judenverfolgung im J. 1298 verminderten ſich im Orte die
Juden ſehr, und wahrſcheinlich am Ende des 17. Jahrhunderts wur=
den ſie gänzlich vertrieben. Sie ſcheinen ſchon im J. 1445 eine wie=
derholte ſchwere Verfolgung erlitten zu haben.

Wir verlaſſen Töging und wandern durch das üppige Wieſenthal
wohlgemuth dahin, indem unſere Blicke befriedigt auf den wohlbewal=
deten Berghängen ruhen. Dort jenes Dörfchen jenſeits des Fluſſes
iſt Kregling. Es gehörte in den früheſten Zeiten zu den Beſitzun=
gen der Hirſchberger Grafen, die ſich in dem hieſigen Burgſtalle öfters
aufhielten, und auch davon benannten. Sobald wir das Pfarrdorf
Kottingwörth (ehemals Werde) hinter uns haben, ſchaut uns ſchon
das Schloß Hirſchberg von ſeiner Berghöhe ſtolz entgegen und
im Thale tritt das Städtchen Beilngries zierlich hervor. Bald haben
wir es, am Dörfchen Leißing vorüberwandelnd, erreicht.

Beilngries, alt Bilingries, der Sitz eines kgl. Bezirksamtes,
Landgerichtes und Rentamtes, ein hübſches, wohlhabendes Städtchen,
iſt durch den vorbeiziehenden Canal in großen Aufſchwung gekommen.
Es hat viel Verkehr, beſonders durch eine bedeutende Schranne und
durch Viehmärkte, und man merkt ihm eine gewiſſe Behäbigkeit an.
Recht freundlich und mit netten Häuſern geziert iſt ſeine Umgebung
längs der Stadtmauer, doch ſcheint der Zwiebelbau, wegen deſſen es
die Neckerei der Nachbarn zu ertragen hat, nicht mehr ein hervortre=
tender Gegenſtand der Beilngrieſer Kultur zu ſein. Von den geſelli=
gen Verhältniſſen des Städtchens wird ſeit längerer Zeit behauptet,
daß ſie ein Bild deutſcher Einigkeit ſeien. Unraſirt ſich nach Beiln=
gries zu begeben, iſt eine bedenkliche Sache. Man muß ſich immer=
hin auf das Schickſal gefaßt machen, welches Cooper in ſeiner Vater=

stadt Cooperstown erfuhr. Er schildert es in seinem Werke: „Die Heimat" ganz ergötzlich.

In ältester Zeit war Beilngries Eigenthum der Grafen von Babenberg, wurde aber nach der Aechtung und Enthauptung des Gra= fen Adelbert zum Reiche gezogen und von Kaiser Heinrich II. bei der Gründung des Bisthums Bamberg diesem seinem Schooßkinde geschenkt. Vermuthlich kam es zur Ausgleichung der Entschädigungsansprüche wegen Schmälerung des Eichstättischen Kirchensprengels von Bamberg an den Bischof von Eichstätt, welcher diesen Besitz sofort seinem Schirm= vogte, dem Grafen von Hirschberg, zu Lehen gab. Im Jahre 1305 fiel es wieder an das Hochstift zurück. Stadtrechte erhielt es im Jahre 1485 und wurde nun mit Mauern umgeben. Die dort übliche, einst in weitem Umkreise bekannte aber auch verrufene Charfreitagsprocession erhielt sich bis in das zweite Decennium unseres Jahrhunderts. In der Gottesackerkirche (Bühlkirchen), welche erst vor Kurzem sehr freund= lich restaurirt wurde, finden sich „vier sehr schöne altdeutsche Holz= reliefs (die Beschneidung, die Anbetung der 3 Könige, die Verkündi= gung, die Geburt Christi)." Mögen sie vor drohender Veräußerung bewahrt werden! Nicht weit von dieser Kirche entfernt, auf dem Atz= berge, gerade oberhalb der Ziegelhütte, genießt man die schönste Aus= sicht über das Städtchen und in die Thäler der Altmül, der Sulz und des Webbaches.

Ein heiterer Zug gemüthlicher Verhältnisse zwischen Bürgerschaft und Beamtenthum in früheren Zeiten und zugleich ein absonderliches Beispiel damaliger Schreibart und Orthographie stellt sich uns aus einem Aktenstücke dieses Städtchens dar. Wenn im vorigen Jahrhun= derte die Rathsherrenwahl daselbst vollendet war, wurde ein Festessen gehalten, zu welchem man die Ortsgeistlichkeit und jene Beamten ein= lud, zu denen der Magistrat in untergeordneten Verhältnissen oder im Geschäftsverkehre stand. So geschah es denn auch im Sommer des Jahres 1745. In einer Stelle des Einladungsschreibens an den damaligen Oberamtsverweser Sutor heißt es mit genauer Orthographie am Schlusse: „alß haben Euer Excellenz unseren Vorgesetzten Herrn Oberamtsverwesern sambt dero hochwerthisten Frau Ehegemahlin hierzue auf das höfflichste gebührent invitiren, und einladen wollen, sollen nun Euer Excellenz unseren ehevor angestellten Gottesdienst mit dero angenehmisten praesenz zu condecorir'n, und hernach mit den geringen Traktament Vorlieb zu nehmen, anderer hohen geschäfften halber Verhindert werden, auch dero hochschätzbare Frau Ehegemahlin diesem Acto beyzuwohnen nit convenabl seyn, so wird uns doch erlaubt seyn, Ein Abschnitzl von der Mahlzeitt dem herkhommen gemeß überßenden zu dörffen momit zur ferneren hohen Wohlgewogenheit unß unterthänigst Empfehlend Verharren rc. rc."

Da der Oberamtsverweser und seine Frau Ehegemahlin nicht erschienen, so wurde an letztere das „Abschnitzl" nach Eichstätt übersandt. Aus welchen Gegenständen es 'bestanden haben mag, gibt der Speisezettel an, welcher dem Akte beiliegt. Wir fügen ihn vollständig hier an:

„1. Suppen mit Hennen, 2. Voressen, 3. Rindfleisch, 4. Gemüs mit Lamb, oder Schweinfleisch, 5. Robt Wildtprett, 6. Pastetten mit jungen Huenern, 7. Kelbernen Praden, 8. Haasen, 9. junge Huener, 10. Andten, 11. Ganß, 12. Koppen oder Indianisch, 13. Schunkhen u. Sallath, und 14. Torten, und waß von Bachwerkh.

NB. Den 20ten Juli 1745 hat Hr. Bürgermeister Rumpf (Kronenwirth) sothane Speisen zu geben versprochen und prätendirt ab jeder Person 1 fl. 30 kr.

Jedoch muß a parte geschafft werden der Wein.
Item vor die Thurner 4 fl., dann in die Kuchl 3 fl.

Beschaydt Essen vor die (s. T.) Frau Oberamtsadministratori 6 fl. 20 kr."

Für das überschickte „Abschnitzl" lief folgendes Dankschreiben ein:

„Ehrsame, Fürsichtig und Wohlweise,
besonders liebe Herren!

Vor das übernacht Kostbahre Kuchenpräßent sage denen Herren hiermit verbundenen Dank: Wie nun solches mit meinem Ehe= gemahl auf dero gesundheit Verzehret Worden: also Wirdet sich derselbe ein Vergnüg darauf machen hienwiedter in Thuenlichen, Vorfallenheiten Viel angenehmes erweisen zu können; ich aber Verharre immittelst Unter allseitiger Freundschafftlicher Salutation.

Eichstädt den 2ten Februar 1746.

deren Herren

Freundgutwillige Sutorin Hofräthin."

Bemerkenswerth ist der Vorfall, daß bei der Rathsherrenwahl in genanntem Jahre ein gewisser Georg Michael Adam, als zu sehr dem Trunke ergeben, obschon er gewählt worden, unter die Mitglieder des inneren Rathes nicht eingereiht wurde. In seiner Protestsupplik hie= gegen führt er an: „daß er zwar 1mo Alß derselbe zu Einem äußeren Rathß Glied Erwehlet worden, daß Praune Bier gerne getrunken zu haben nit Laugne; 2do aber seith Einigen Jahren hero daß derselbe zur 2ten Ehe geschritten, daß Praune Bier statt=Kundig Meide, und 3^{tio} als ein Mezger, und mit weissen Bierschenkhen sich also fortzubringen suche, daß sein Vermögen in Keinen Abgang Kommen, oder seinem Weib und Kindteren Einiger schaden zugewachsen seye ꝛc. ꝛc."

Eine halbe Stunde südwestlich von Beilngries liegt an der Altmül Kirchanhausen, ehemals Ahausen, mit einer sehr alten Kirche. In ältester Zeit schon befand sich hier eine kleine kaiserliche Abtei. Kaiser Arnulf schenkte sie im J. 895 dem Bisthume. Weiter thal= aufwärts folgt das Dörfchen Unteremmendorf. Es war in grauer Vorzeit der Stammsitz der Herren von Emmendorf, deren Schloß über dem Dorfe nahe der Bergspitze stand. Etwas seitwärts davon befindet sich an der Berghänge eine Höhle, das Schneiderloch genannt, aus welcher man eine sehr reizende Aussicht in das Thal hinab über die friedlichen Dörfer bis nach Beilngries und zu dem Schloß Hirsch=berg genießt. Den Eingang zur Höhle bildet ein Bogen, der in den kolossalen Felsen gebrochen ist. Man erkennt deutlich die Arbeit von Menschenhänden, und es ist kaum zweifelhaft, daß hier in der Urzeit ein Sitz von deutschem Religionskultus gewesen sei. Der Felsen heißt noch heut zu Tage der Thorfelsen.

Zum Zwecke des Weitermarsches begibt man sich von Unter=emmendorf über die Altmülbrücke an's linke Ufer des Flusses und wandert nach dem Dörfchen Pfraundorf, welches ehemals auch als Frauendorf vorkommt. Es war ein adeliger Sitz, und von dem Schlosse der Gutsherren sind noch einige Spuren vorhanden. Ein Hadubrand von Pfraundorf, der sich entschlossen hatte, mit Kai=ser Friedrich in's heilige Land zu ziehen, verkaufte im J. 1189 an das Hochstift um 50 Mark Silber sein ganzes Eigenthum, wobei sich 75 Leibeigene und 20 Lehnsleute befanden. Von Pfraundorf ist's nur eine kurze Strecke nach Badanhausen, welches seinen Namen an=geblich von einem Bade hat, das hier einst bestanden haben soll. Von diesem Dorfe aus schlagen wir den Weg ein, der nach Haunstetten führt, und lassen uns durch einen Führer auf den Fußpfad leiten, welcher zum Schlosse Hirschberg bringt; denn dieß ist unser Ziel. Das Gebäude steht auf einer gegen Beilngries vortretenden Bergzunge. Es ist geräumig und trägt noch viele Spuren fürstlichen Gepräges. Allein es ist nicht das Schloß der alten Grafen von Hirschberg. Dieses ließ der Fürstbischof Raimund Anton von Strasoldo in der zweiten Hälfte des 18. Jahrhunderts abbrechen und erbaute das jetzt noch stehende im Zopfstyle. Um hiezu Baumaterial zu bekommen, zerstörte er den schönen Bau der Burg Arnsberg und verdarb so zwei merk=würdige Bauwerke des Mittelalters. Hirschberg machte er zu einem Lust = und Jagdschlosse der Fürstbischöfe. Zum Glücke blieb am Eingange der Römerthurm mit dem dabei befindlichen Mauerbau stehen, welche uns einen interessanteren Anblick gewähren als das ganze fürst= liche Prunkgebäude, das die alte Grafenburg verdrängte. Die Lage desselben ist äußerst günstig. Man genießt aus ihm eine wunder= schöne Aussicht nicht nur in die weiten und üppigen Thäler der Alt= mül, der Sulz und des Webbaches mit dem niedlichen Städtchen Beilngries und vielen freundlichen Dörfern und Mühlen, sondern auch über die östlichen Waldhöhen hinweg auf mehrere Ortschaften und in weiter Ferne auf die hoch über die Wälder ragende Wallfahrtskirche von Eichelberg. Auf dieser schönen Höhe nun wohnten in uralter Zeit als mächtige Dynasten die Grafen von Hirschberg, deren große Be= sitzungen weit herum im Nordgau und selbst in Tyrol verbreitet lagen. Zu ihrem Stamme gehörten die Grafen von Sulzbach, aus deren Hause eine Tochter mit der Krone der stolzen byzantinischen Kaiser geschmückt war. Die Grafen von Hirschberg waren mit der Pflege des kaiserlichen Landgerichtes belehnt, das von ihnen den Namen trug, und sich über einen großen Theil des Nordgau's erstreckte. Nach ihrem Erlöschen ward es nicht mehr verliehen. Im J. 1305 starb dieses erlauchte Geschlecht aus. Ein großer Theil seiner Güter kam durch ein Testa= ment des letzten Grafen, Gebhart, an das Hochstift Eichstätt. Die Hirschberger waren die Schirmvögte dieses Bisthums, von dem sie selbst viele Besitzungen zu Lehen hatten. Sie gründeten die Abtei Plank= stetten und bereicherten das Kloster Rebdorf mit vielen Schenkungen. In diesem erhielt der letzte Graf seine Grabstätte. Sophie, die Ge= mahlin desselben, eine geborne Herzogin von Bayern, stiftete das Do= minikanerkloster in Eichstätt im J. 1279 und liegt in dessen Kirche begraben. Die Sage erzählt von drei gräflichen Brüdern dieses Hauses, die in solcher Feindschaft mit einander lebten, daß sich, um allen Verkehrs unter sich entledigt zu sein, jeder ein Thor durch die Schloß= mauer brechen ließ und durch dasselbe ein = und austritt. Keiner habe geheiratet und so sei das Geschlecht ausgestorben.

Von dem Schlosse begeben wir uns auf dem nächsten Wege zu der sogenannten Anlage hinab, einem öffentlichen Vergnügungslokale mit Bierschenke, welches eine Zierde für Beilngries ist und dem Geschmacke des Gründers viele Ehre macht. Vor dem nördlichen Thore des Städtchens steht ein ansehnliches Gebäude nebst Kirche. Es war ein Franziskaner-Hospitium, welches ein reicher Bürger von Berching aus Aemulation mit einem Mitbürger im vorigen Jahrhunderte erbaute.

Auf dem Wege nach Berching, den wir jetzt antreten wollen, haben wir zunächst an der linken Seite eine Mühle, die Utzmühl. „Auf der Langbreiten bei der Utzmühl läßt sich namentlich an heiligen Zeiten ein schneeweißes Fräulein sehen. Sie gebart sich, als ob sie weinen that." Das Sulzthal, in welchem wir jetzt wandern, hat zwar nicht den romantischen Charakter wie die meisten anderen Thäler der Altmülalp; aber es ist sehr freundlich. Seine Berghängen sind schön mit Waldungen bekränzt, seine Wiesen frisch und blumenreich, und die Gebäude dort auf dem Hügel, welche unverkennbar mit ihrer Kirche ein Kloster verkünden, geben der Landschaft eine alterthümliche Bedeutung. Es ist die ehemalige Benediktiner-Abtei Plankstetten, welche, wie oben gemeldet, von den Hirschberger Dynasten im J. 1129 gestiftet wurde, und zwar von den drei Brüdern Ernst, Hartwig und Gebhart. Der letzte war Bischof in Eichstätt. Wir lassen das Kloster, in dem nichts Merkwürdiges zu sehen ist, zur Linken und setzen munter unsere Wanderung fort. Denn der Leinpfad des auf beiden Seiten mit Obstbäumen besetzten Canales hat viel Angenehmes, theils wegen des bequemen Gehens, theils wegen des klaren Wasserspiegels an der Seite, theils wegen der Abwechslung durch Schleußen, Fahrzeuge und andere Bilder. Den Weg von Beilngries nach Berching legen wir in zwei kleinen Stunden zurück.

Berching ist ein uraltes Städtchen und eine der frühesten Besitzungen des Bisthums Eichstätt. Es ist ein recht hübscher Ort mit einem wahrhaft alterthümlichen Aussehen, welches allenthalben an die

Eigenart des früheren deutschen Bürgerlebens und seines ruhigen, stäten Wesens erinnert. In Berching herrschte ehemals bedeutende Handels=

Kloster Plankstetten.

thätigkeit und daraus entstandener Reichthum, und besonders wurde der Weinhandel in großem Umfange getrieben. Das dortige Gasthaus

zum Thalmayer steht als ein stattliches Denkmal des einstigen regen
Verkehrs an der Nürnberger Straße und hat seinen altererbten Ruhm
bis in unsere Tage bewahrt. Ein Bürger Berchings, Georg Petten=
kofer, erbaute den Kapuzinern aus eigenen Mitteln ein Klostergebäude
sammt Kirche und Braustätte. Gegenwärtig befinden sich in dem=
selben Franziskaner, welche, dem Grundsatze ihres Ordens getreu,
ein treffliches und gesundes Getränke bereiten. Es ist nicht schwer,
dort eingeführt zu werden und sich an dem köstlichen Gerstensafte zu
erfreuen. Unläugbar ist es, daß in jenen guten Zeiten zu Berching
auch für geistige Bestrebungen lebendiger Sinn geherrscht hat. Drei
Klosteräbte und der Bildhauer Bruder Gebhart, sowie die letzte Ab=
tissin des Klosters Bergen bei Neuburg, die aus dem Städtchen her=
vorgingen, geben Zeugniß davon. Im 15. und 16. Jahrhundert
waren die Bürger Berchings als treffliche Büchsenschützen bekannt, ein
Ruhm, welcher ihnen zur Zeit des Bauernkrieges gar wohl zu statten
kam, da sie denn überhaupt damals von ihrer Mannhaftigkeit und
wackeren Gesinnung ein höchst ehrenvolles Zeugniß ablegten.

Im Frühjahre 1525 sammelten sich aus dem Hochstift Eichstätt
und der angränzenden Oberpfalz zahlreiche Haufen aufrührerischer
Bauern bei Obermässing und auf dem Ruttmannsberge. Einige Tau=
send derselben erschienen nun vor dem Städtchen Berching und foder=
ten die Einwohner auf, sich mit ihnen zu verbinden. Die Bürger=
schaft zeigte sich diesem Verlangen durchaus abgeneigt. Da machten
die Bauern das Anerbieten, sie wollten, ehe es zu Feindseligkeiten
komme, Unterhändler in die Stadt senden, welche ihre Vorschläge näher
erklären und alles friedlich verhandeln sollten. Diese wurden denn
Abends eingelassen, benützten aber die Nachtzeit, um mehrere Personen
der Einwohnerschaft aufzuhetzen und für die Sache der Bauern zu ge=
winnen. Am nächsten Morgen in Allerfrühe bemerkten die vor der
Stadt lagernden Bauern eine unruhige Bewegung von Menschen auf
der von den Bürgern bewachten Stadtmauer. Man sah nun ein

sonderbares Ereigniß. Es ward eine Bank herbeigetragen und auf der Mauer zurechtgestellt. Dann wurden die Bauerndeputirten gebracht und einer nach dem andern auf dieselbe gelegt und mit einer erkleck= lichen Tracht Prügel regalirt, dann von der Stadtmauer hinabgeführt und durch das Pförtlein des Thores hinausgestoßen. Das Bauernheer vor der Stadt sah den jammervollen Vorfall ganz verblüfft mit an, hatte aber Respekt vor der Unerschrockenheit der Berchinger Bürger und zog ab, ohne einen Angriff zu versuchen. Es ist noch zu bemer= ken, daß in der alten Pfarrkirche der Hochaltar altdeutsche Schnitzwerke enthält, welche die Krönung Mariä und das Leben und Martyrium des heil. Lorenz auf vier Seitenreliefen vorstellen. Die nachbarlichen Neckereien gefallen sich darin, den Einwohnern dieses Städtchens mit dem Namen der „Berchinger Hechten" Aerger zu machen, und erzäh= len, dieselben hätten einmal in der Sulz einen ungewöhnlich großen Hecht gefangen und seien in Zweifel gewesen, was sie damit anfangen sollten. Man habe Versammlung gehalten und beschlossen, den Hecht, weil er oftmals das Maul aufriß, in einen Vogelkäfig zu sperren, da= mit er singen lerne. Als nun der Hecht darin immer heftiger und öfter nach Luft schnappte, hätten sie voll Freude gerufen: Er tichtet schon, gleich wird er anfangen. Der arme Hecht habe aber nicht zu singen angefangen, sondern zu leben aufgehört.

Von Berching ist nur noch eine Stunde bis zur nördlichen Gränze des Sulzthales, und auf dieser Strecke ist nichts Interessantes mehr zu sehen. Wir nehmen daher auf unserem Weitermarsche die Richtung nach Greding, zufrieden mit dem Genusse, welchen uns der Ausflug in das Sulzthal geboten. Wir sahen an seinen Berghängen nicht die grotesken Felsenkuppen, welche man so häufig im Altmühlthale gewahr wird, aber seine sanften bewaldeten Höhen, das freundliche Grün seiner Wiesen und Fluren und der zarte blaue Duft, welcher meistens über seinen Horizont gebreitet ist, gewährten einen wohlthätigen Anblick. Wir nehmen unseren Weg westlich durch das Städtchen über den ge=

räumigen, von einem hellen Bächlein durchflossenen Hauptplatz und
steigen auf allmälig sich hebendem Pfade die Höhe hinan nach dem
Dörfchen Wirbertshofen. Dort oben rechts von diesem sehen wir
nicht ferne vom Waldsaume ein anderes kleines Dorf, Jettingsdorf,
dessen wir als eines Erinnerungsmales unserer deutschen Urzeit erwähnen. Sein jetziger Name ist verstümmelt. Es hieß ehemals Idunes-
dorf und hatte also die Auszeichnung, von Iduna, der Göttin der
Jugend, benannt zu sein. An dieser Ehre nahm noch ein anderer Ort
Theil, welcher an der Straße von Eichstätt nach Ingolstadt liegt, nämlich das Dorf Eitensheim, welches ursprünglich Idunesheim
hieß. Von Wirbertshofen an bis Greding berühren wir keine Ortschaft mehr, doch sehen wir zwischen den allenthalben verbreiteten Wäldern mehrere Dörfer auf der Hochebene, deren Anblick die hier oben
herrschende Einsamkeit etwas mildert. Nach ein paar Stunden senkt
sich der Weg in ein Thal hinab, welches von einem munteren Bache
durchflossen ist. Dieses Wasser ist der Hernsberger Brunnenbach und heißt auch die Ag (Ach). Es belebt auf kurze Strecke vier
Mühlen. Schon liegt Greding vor uns, recht hübsch am Ausgange
des Agthales an die Schwarzach hingelagert.

Greding, ein sehr altes, mit alterthümlichen Mauern und
Thürmen umgebenes Landstädtchen, in welchem sich ein Landgericht und
Rentamt befindet, hat eine zwar schöne aber unebene Lage, indem sich
seine Gassen von der Schwarzach den Berg hinan zu ziemlicher Höhe
ziehen. Wahrscheinlich stand dort oben die Burg der frühesten Besitzer,
um welche sich die ersten Einwohner ansiedelten. Am Ende des
eilften Jahrhunderts war Greding Eigenthum des Markgrafen Ekkibert
von Meißen, und von diesem mag die ansehnliche alte Martinskirche
stammen, welche gleichfalls auf dieser Höhe steht. Diese jetzt ver-
ödete Kirche ist ein „merkwürdiges Denkmal des älteren römischen Bau-
styles." Sie bildet eine dreischiffige Pfeilerbasilika ohne Kreuzschiff und Gewölbe mit drei runden Absiden, ganz einfach und ohne Schmuck. Am

Thurme finden sich Rundbogenfries, Kuppelfenster und ein gothisches Fenster." In grauer Vorzeit hausten in Greding edle Herren, welche sich Schenken von Greding nannten. Sie hatten ihren Sitz auf dem sogenannten Klösterl, und man findet davon noch heutigen Tages auf dem Pfaffelberg einen Graben und Ruinen. Wahrscheinlich die letzte aus dieser Familie war die Edelfrau Margareta, welche im Volksmunde die Gretel von Greding heißt. Sie hat den Gredingern beträchtliche Waldungen geschenkt, und aus Dankbarkeit wurde ihr Bild von diesen in ihr altes Stadtwappen aufgenommen. Eine andere Angabe sagt, dieses Wappenbild habe seinen Ursprung von der Kaiserin Margareta, der Gemahlin Kaiser Heinrichs VII., welcher im J. 1311 das Hochstift Eichstätt im dauernden Besitze dieser Stadt sicherte. Eine halbe Stunde südlich von Greding liegt das Dörfchen Mettendorf mit einer Wallfahrtskirche, und auf einer westlich von diesem gelegenen Berghänge finden sich die Ruinen der Burg Lieneck. Sie bestehen aus Mauertrümmern tief im Gehölze, welche mit Gräben und Schluchten umgeben sind. Das neuere Schloß in Greding, in welchem jetzt das k. Landgericht und Rentamt ihren Sitz haben, war vor der Säkularisation eine Sommerresidenz der Eichstätter Fürstbischöfe.

Indem wir das liebliche Schwarzachthal aufwärts wandern, kommen wir an dem Dorfe Hausen vorüber, welches uns zur linken Seite liegt. Hier saß im Mittelalter eine Ritterfamilie, von deren Burg noch einige Trümmer auf einer Anhöhe im Hintergrunde des Thales zu sehen sind, welches sich vom Dorfe gegen Süden hinanzieht. Dem Dorfe Hausen nordwestlich gegenüber gewahrt man an der Berghänge ein kleines Bauerngehöfte, welches Wildbad heißt. Dort entspringt eine klare Quelle, die sich die Anhöhe hinab zur Schwarzach ergießt und in früherer Zeit als Gesundbrunnen benützt wurde. Ueberhaupt ist das Schwarzach= und Anlauterthal und das Thalbecken von Thal= mässing mit vielen Quellen gesegnet, welche, wenn auch kein Mineral=, doch treffliches Trinkwasser liefern. Weiter thalaufwärts führt die

Straße durch die Dörfer Groß= und Kleinhöbing. An dieser
Stelle vereinigen sich zwei der schönsten Thäler der Altmülalp. Wir
lassen es uns nicht verdrießen, zu der Anhöhe des Hebinger Sommer=
kellers hinauf zu steigen; wir werden sattsam hiefür belohnt. Vor uns
gegen Norden schweifen unsere Blicke in das anmuthige Thal, durch
welches die Schwarzach heranfließt, und in den Thalgrund von Lohen
und Offenbau, weiter hin zeigt sich der Hofberg von Ober=
mässing und darüber hinaus in weiter Ferne die ebene Landschaft
von Freistadt und Neumarkt. Die Häuser und Kirchthürme von
Sulzbürg schimmern verklärt zu uns herüber. Zur Rechten verfolgt
das Auge das untere Thal der Schwarzach mit Grebing in der Ferne.
Eigenthümlich aber und mit neuem Charakter muthet uns der Anblick
der Thalöffnung zur Linken gegen Thalmässing an. Hier stellen sich
uns Berge dar, die nicht wie in der Altmülalp eine geschlossene Kette
bilden. Es zeigt sich eine andere Gebirgsnatur, die der Lias= und
Keuperformation. Die Berge erheben sich isolirt, in Kegelgestalt, und
ihre mannichfaltigen, schönen Profile üben auf den Beschauer einen
äußerst erquicklichen Reiz. Die Blicke schlüpfen vergnügt zwischen den
Oeffnungen durch zu den weiter und weiter weggestellten Gipfeln und
ruhen endlich auf dem sanften Hintergrunde. Nachdem wir in der
wunderschönen Aussicht geschwelgt, steigen wir in das Thal nieder und
begeben uns nach der, linken Seite hin in das breite Thalgeläube des
Thalachbaches, welcher von Thalmässing herkommt. Wir haben zwar
hier unsere Altmülalp eigentlich bereits verlassen, aber es leitet uns
die Absicht, den bequemeren Weg bloß zu dem Zwecke zu benützen, um
nach kurzer Wanderung wieder auf unser Gebiet zurückzukommen. Ueber=
dies haben wir dazu auch eine gültige Berechtigung. Denn die Berge
zur Linken sind die nördlichen Hängen der Altmülalp, und das Schöne
das wir von oben und von weitem her beschauen müßten, betrachten
wir nur von unten und in der Nähe. Und wenn wir auch alle diese Ent=
schuldigung nicht hätten, so würde uns ein anderer, ein unverwerflicher

209

Grund rechtfertigen. Wir betreten einen klaſſiſchen Boden voll ſchöner
Erinnerungen. Nachdem wir um den erſten Bergkegel gekommen, er=
blicken wir rechts das Dorf Aue, welches ehemals einer davon be=
nannten Adelsfamilie eigen war. Ihr Sitz aber war dort zur linken
Seite an der Berghänge über dem kleinen Dorfe Gebersdorf. Ein
äußerſt lieblicher, trauter Winkel, von einem Walde von Wallnuß=
bäumen umgeben. Die Burg hieß Gebersburg und war durch hohe
ſchön bewaldete Bergwände auf drei Seiten gegen allen Ungeſtüm der
Winde geſchützt. Die Quelle, welche hinter dem Schlößchen hervor=
ſprudelt, führt ein klares, friſches, köſtliches Waſſer und ſetzt auf kurzem
Laufe ſechs kleine Mühlen in Bewegung. Man kann ſich kein ſtilleres,
kein friedlicheres Thälchen denken, als dieſes niebliche Neſt von Gebers=
dorf. Und hier wohnten in alter Zeit die Herren von Aue. Wir
glauben, man verirrte ſich weit, da man die Geburtsſtätte Hart=
manns von Aue am oberen Neckar oder auf der Inſel Reichenau
im Bodenſee oder ſonſt wo im ſüdlichen Deutſchland ſuchte. Hier
haben wir den eigenen Namen derſelben und das beſtimmte eigene Adels=
geſchlecht. Dieß und viele andere Umſtände ſtimmen zuſammen, die
Gebersburg als des großen deutſchen Sängers Heimath anzunehmen.
Ja, wir zweifeln nicht, hier erblickte er das Licht der Welt, hier, eilf
Stunden von Eſchenbach, wo der herrliche Wolfram geboren ward, der
nach ihm ſo mächtig die deutſche Leier ſpielte; ja hier lebte er, hier
ſang er wohl viele ſeiner unſterblichen Lieder. Man meint, man
müſſe in dieſem Gebersdorf oder Aue das Haus des wackeren „Bu=
mans" herausſuchen, der den „armen Heinrich" aufnahm, und die
herrliche Magd, das ſüße Kind, finden, das den Unglücklichen pflegte
und für ihn ihr Herzblut hingeben wollte. Tief ergriffen und in die
längſt vergangenen Tage zurücke träumend, betrachten wir die poetiſche
Stelle und gehen in ſtiller Rührung von hinnen. Noch im 15. Jahr=
hundert beſtand das Geſchlecht der Herren von Aue. Sie ſcheinen aber
die ſanften Gefühle ihres großen Sängers nicht geerbt zu haben. Denn
14

als sie die nahe Herrschaft Landeck von dem Burggrafen Friedrich VI.
von Nürnberg wegen eines Darlehens von 1200 Goldgulden als Pfand=
schaft erhalten hatten, behandelten sie die Unterthanen derselben so hart,
daß diese im J. 1437 die Pfandsumme selbst zusammenschossen und
sich von diesen schlimmen Herren losmachten.

Von Gebersdorf führt uns ein Fußpfad links um den Berg auf
die Landstraße zurück. Der freistehende Berg vor uns trägt einige
Trümmer der ehemaligen Burg Landeck, und man genießt von seiner
Höhe eine reizende Aussicht. Die Burg Landeck bot als wohlbefestigter
Punkt in den Zeiten des Faustrechts den Bewohnern der Umgegend
öfters 'eine schützende Zufluchtsstätte. Sie war wie das nördlicher
liegende Stauf der Mittelpunkt einer kaiserlichen Herrschaft und bis
zum Jahre 1268 im Besitze der schwäbischen Herzoge. Dieß mag
dazu beigetragen haben, daß Hartmann von Aue (geb. um das Jahr 1170),
wahrscheinlich ein Lehensmann derselben, zu den schwäbischen Dichtern
gerechnet wurde. Im Jahre 1322 schenkte Kaiser Ludwig der Bayer
die Herrschaft Landeck seinem treuen Bundesgenossen, dem Burggrafen
Friedrich IV. von Nürnberg. Stauf kam im J. 1372 an das burg=
gräfliche Haus. Beide Burgen wurden durch Herzog Ludwig von
Niederbayern im markgräflichen Krieg im J. 1459 zerstört und liegen
seitdem in Ruinen. Die Burg Stauf zeigt sich, wenn man nahe an
Thalmässing vorgeschritten ist, in der Entfernung von einer halben
Stunde zur Rechten auf einem ansehnlichen Berge. Besonders macht
sich ein alterthümlicher Thurm bemerkbar. Dieser hohe Punkt beherrscht
die Gegend in weitem Umkreise, und man erblickt von dort herab nicht
allein eine sehr interessante ringsum gelagerte Landschaft, sondern wird
auch durch eine der schönsten Fernsichten erfreut auf die Ebene von
Neumarkt und Hilpoltstein bis zum Hohenstein, Rothenberg, der Burg
von Nürnberg, auf das reizende Thalbecken von Ettenstatt bis Wülzburg, der gelben Burg, Spielberg und dem Hesselberge, sowie gerade
westlich über den Schloßberg in das Waldland der Landgerichte Ellingen

und Roth. Nur ein schmaler Raum gegen Osten wird durch den alten Berg, der auch alte Burg heißt, und durch nahe Wälder verdeckt. Das Forsthaus in Stauf hat nicht bloß eine schöne Lage, mit trefflicher Aussicht, sondern auch einen merkwürdigen Standpunkt. Es steht nämlich auf einer bedeutenden Wasserscheide, und seine beiden Dachtraufen senden ihr Wasser, die eine nördlich in das Flußgebiet des Rheins zur Nordsee, die andere südlich in das der Donau zum schwarzen Meere. An dem alten Thurme sind auf einem unteren Quaderesteine allerlei Buchstaben eingegraben, deren Entzifferung manchem Alter= thumsforscher viele vergebliche Mühe gemacht hat. Es sind wahrschein= lich nur Zeichen von Steinmetzen und Maurern, die am Baue be= schäftigt gewesen waren. Stauf hatte in den früheren Jahrhunderten einen eigenen Adel.

Thalmässing ist ein ansehnlicher, langgedehnter Marktflecken, aber offen und ganz ländlichen Aussehens. Es hat zwei protestan= tische Pfarreien und die zahlreich daselbst wohnenden Juden haben eine Synagoge.

Wir wenden uns nunmehr wieder der Altmülalp zu, deren Boden wir gleich außerhalb des Ortes betreten, indem wir den Pfad zur Linken der Straße hinansteigen. Der Weg und die Straße, welche hier zur Höhe emporführen, heißen das Thalmässinger Gesteig. Die Wanderung von Thalmässing bis zum Anlauterthale ist eine der reiz= losesten in der ganzen Altmülalp. Man erblickt zwar viele Ortschaften, da aber die Wälder fehlen, welche sonst fast überall auf der Hochebene Abwechslung erzeugen und dem Auge Ruhepunkte gewähren, so sind wir froh, nach einem dritthalbstündigen Marsche in das romantische Anlauterthal hinabsteigen zu können. Der kleine Flecken, den wir be= treten, ist Titting. Es steckt tief in einen Thalkessel eingesenkt und entbehrt aller Fernsicht. Aber seine Berge und Wälder bilden eine malerische Umgebung. Das Interessanteste in diesem Orte ist das

14*

Bräuhaus, welches in alter Zeit eine wohlbefestigte Burg war; vier
massive geräumige Eckthürme von geringer Höhe und Wassergräben um
den Bau gewährten starken Schutz. Die Fensterstöcke gingen ursprüng=
lich, wie man wohl bemerken kann, alle nach innen gegen den Hof,
und das Wasser zur Füllung der Gräben lieferte ein starker Bach, der
Weißel oder Weißling, der nicht weit entfernt hinter dem Bräu=
hause entspringt. Im vorigen Jahrhunderte wurde dieser Burgsitz vom
Fürstbischofe Johann Anton I. in eine Braustätte umgewandelt, und
als die Brauerei in Verfall gekommen war, wurde sie von dem Fürst=
bischofe Johann Anton III. 1786 wieder in lebhafteren Gang ge=
bracht. Das wichtige Institut dieser Bierfabrikation und die glorreiche
That der Landesväter begeisterte einen Sänger der damaligen Zeit zu
folgenden Versen, welche nebst den Wappen der beiden Fürsten über dem
Eingange des Bräuhauses in goldenen Buchstaben angebracht wurden:

> Des ersten Antons Herz
> Trieb Vatersorg und Liebe
> Zu diesem theuren Bau,
> Der Nutzen bracht und Ehr'.
> Der dritte Anton erbt
> Des großen Onkels Triebe,
> Er stellet diesen Bau
> Sammt neuem Keller her.
>
> O segne, liebes Land,
> Den unschätzbaren Namen,
> Trink zu und jauchze laut:
> Er blühe ewig! Amen.

Auf unserem Marsche nach Bechthal kommen wir an der Stelle
vorüber, wo sich eine Erzwäsche des Bergamtes Obereichstätt befand.
Jetzt ist alles verödet. Wenn man die Anhöhe bei Unterkesselberg be=
steigt, öffnet sich nahe die Stelle, wo noch einige Reste einer alten
Burg stehen, eine wunderschöne Aussicht in das Thal der Anlauter,
voll der reizendsten Eigenthümlichkeit, und man findet einen Genuß,

an welchen sich die freundlichste Erinnerung knüpft. Man setzt, in die schönen Bilder vertieft, frohen Sinnes die Wanderung fort. Vielfach windet sich das hübsche Thal und der Weg, bis wir zu der Stelle gelangen, wo wir das Dorf Bechthal und die schönen Ruinen seiner Burg, Waldeck, zu Gesichte bekommen. Ein wohl erhaltener Römer= thurm ragt stolz zur Höhe. Wir können an seinem römischen Ursprunge nicht zweifeln, wenn gleich so Mancher, theils weil er außerhalb des Pfahlrankens steht, theils weil die Bearbeitung seiner Quader auf nicht übliche Werkzeuge hinweisen soll, ihm diese Ehre absprechen. Des Thurmes ganze Physiognomie zwischen dem zerbröckelnden Gemäuer des Mittelalters und besonders das eigenthümliche, kernfeste Gewölbe im obersten Raume seines Innern sagen es uns deutlich, daß er römischen Stammes ist. Sein nicht weit entfernt stehender Nachbar, ein Thurm späterer Jahrhunderte, könnte durch seine Schmächtigkeit und gebrech= lichere Struktur hiefür als Zeuge mitstimmen. Die Gegend, in welcher diese Ruine steht, ist von einem solchen Geiste der Einsamkeit erfüllt, ist so ferne von aller Bewegung und Unruhe des Weltverkehrs, daß man sich um fünfhundert Jahre in die Vergangenheit zurückversetzt denken könnte. Das Schloß Waldeck war einst das Stammhaus der Ritter von Bechthal. Im Anfange des 15. Jahrhunderts kam es an die Herren von Erlingshofen, und endlich im 16. Jahrhundert an das Hochstift Eichstätt. In Beziehung auf den Römerthurm müssen wir noch eines artigen Ereignisses gedenken, welches sich vor längerer Zeit hier zugetragen hat. Ein verkommener Bursche, angeblich ein Schneider, wurde wegen verübter Diebereien von der Gendarmerie verfolgt. Er hielt sich einige Zeit versteckt und stieg endlich mittels zusammengebundener Leitern, wobei ihm Bauernbursche behülflich waren, durch das Loch im Thurmgewölbe zu dem obersten Raume empor. Mehrere Wochen hatte er dort in vollständiger Sicherheit seinen Aufenthalt. Die Gendarmen suchten ihn vergebens in der ganzen Gegend. Bei der Nacht stieg er an einer Strickleiter, die er sich verfertigt hatte, herab und holte sich

Lebensmittel in den benachbarten Ortschaften. Endlich ward die Sache denn doch den Gendarmen verrathen. Sie erschienen an dem Thurme und forderten ihn auf, herabzusteigen. Er gab kein Gehör. Es blieb nichts anderes übrig, als ihn zu belagern. Erst nach mehreren Tagen ergab er sich, besonders aus dem Grunde, weil ihm das Getränke ausgegangen war.

Von dem Schlosse steigen wir vollends die Anhöhe hinauf und erreichen nach einer kleinen Stunde das Dorf Raitenbuch. Ein hübsches mit Wall und Mauer umgebenes Schlößchen war früher das fürstliche Vogthaus und in alter Zeit ein adeliger Sitz. Nach der Säcularisation befand sich daselbst ein königliches Landgericht. Ein Edler Burchard von Raitenbuch kommt schon im J. 1087 vor. Der Ort hatte nacheinander verschiedene Besitzer und wurde zuletzt von dem Kloster Rebdorf im J. 1469 an das Fürstbisthum verkauft. Von Raitenbuch lassen wir uns von einem Führer durch den Wald zu den merkwürdigen römischen Ruinen führen, deren oben bei der Abhandlung über die Römerwerke gedacht wurde. Eine halbe Stunde südlich davon nahe an der Römerstraße befindet sich das Hohloch, jene merkwürdige Höhle, deren wir bei der Abhandlung über die Hochebene der Altmülalp gedachten. Von den Ruinen kommen wir auf eine Römerstraße, die ihre Richtung gegen Wilzburg nimmt, sich zwar nach einiger Zeit im Walde verliert, aber dann von einem Fußpfade ersetzt wird, auf dem wir nach dieser Bergfestung gelangen.

Wilzburg (alt Wildsberg und Wildsburg) war früher eine von Karl dem Großen im J. 793 gestiftete Benediktinerabtei, deren Gründung, durch Pipin, Bolz in das Jahr 764 setzt. Sie wurde von den Markgrafen von Ansbach im J. 1537 säcularisirt und von dem Markgrafen Georg Friedrich im J. 1588 in eine Festung umgewandelt. Jetzt dient es hauptsächlich als Bestrafungsort für Staatsgefangene und militärische Sträflinge. Die Besatzung besteht aus zwei Kom=

pagnien Fußvolk. Sehenswerth ist in demselben die große neue Cisterne und ein 478′ tiefer Brunnen. Es gibt dem Beschauer ein nicht un= interessantes Bild einer auf hohem Berge gleichsam in den Boden eingegrabenen Veste, deren Werke um einen einzigen aussichtslosen Hof gebaut sind. Die Aussicht von der nordwestlichen Bastei ist außer= ordentlich schön und großartig. Am Fuße des Berges zur Linken Weißenburg, zur Rechten Ellingen, dort das breite Altmülthal mit seinen zahlreichen Dörfern und Flecken, dahinter die Wälder des Hah= nenkamms, der ferne Spiel = und Hesselberg, der Absberg und das Gelände des Landgerichts Gunzenhausen, endlich gegen Norden die Nürnberger Burg, der Schloß= und Stauferberg und gegen Osten und Südosten die stattlichen Gehölze des Weißenburger Waldes, — das alles bildet ein Rundgemälde, welches im Herzen des Beschauers die frohesten Gefühle erweckt.

Im Jahre 1395 verlor der Abt dieses Klosters, Heinrich, genannt der Sachs, auf eine greuliche Art das Leben, wie Volz aus einer alten Handschrift erzählt: „Heinrich, genannt der Sachs, wurde erwehlet Ano 1391 ein frommer mann hat die Abtey des Klosters verwesen 4 Jahre und 6 Monat. Als er aber treulich hielt über seinen Con= ventbrüdern mit Straf Zucht und Gottesfurcht, hat es sich auf eine Zeit begeben als Er seinen Prioren, den Donner genannt, nach An= weisung des Ordens und Regel (dieweil er ein unleiblich bös Leben führet) wollte strafen, hat solches der Prior als ein frecher Mensch nicht leiden, noch aufnehmen wollen, sondern ein Beil unter dem Habit heimlich verborgen gehapt, und herfürgezogen, den Abt auf den Kopf gehauen. Als aber ein Geschrei und Tumult worden, also, daß des Abts Diener zugelaufen den Prior erwischt und zu Boden geschlagen, daß er todt lag, Ihn nachmals in Kreuzgang vergraben, und ihren Herrn in sein Gemach getragen, welcher nicht länger denn 8 Tage nach Ihme gelebt, und am Sct. Bartholomaiabend verschieden An. Dom. 1395. Nachmals als Bischof Friedrich von Aichstädt solchen

Todtschlag hat innen worden, hat man den Prior wieder ausgraben müssen, und ihn in den Wald bei Kehl dem Weyler unterm Berg müssen einscharren."

Von Wülzburg führt uns ein bequemer Weg nach Weißenburg hinab, in welches wir mit dem Gedanken und dem Geständnisse einwandern, daß uns die Altmülalp viele und darunter unvergeßliche Genüsse gespendet hat.

Verzeichniß

der im Werke vorkommenden Ortschaften, Berge, Gewässer ꝛc.

Verbesserung einiger Druckfehler.

Seite 126 Zeile 9 v. u. statt Vetorianis lese man Vetonianis.

„ 126 „ 11 „ u. „ vielen lese man viele.

„ 132 „ 3 „ o. „ Etruina lese man Etruna.

„ 133 „ 13 „ u. „ Vögelsbad lese man Vögelesbad.

„ 136 „ 2 „ u. „ hänge lese man hängen.

„ 141 „ 1 „ u „ Leichsen- lese man Beichsen-.

Allgemeine Uebersicht des Inhaltes.

Im Verlage der **Krüll'schen Buchhandlung in Ingolstadt** sind folgende höchst gelungene

photographische
Ansichten aus dem Altmülthale
und
seiner Umgebung

erschienen:

Pappenheim — Solnhofen — Dollnstein — Eichstätt — Wellheim — Kipfenberg — Beilngries — Berching — Dietfurt — Riedenburg — Brunn — Randegg mit Neuessing — Kelheim — Weltenburg. Preis à Blatt 18 kr.

Photographische Ansichten von Ingolstadt:

1. Total-Ansicht der Stadt. 2. Das Kreuzthor. 3. Das Harderthor. 4. Das Feldkirchnerthor mit dem Schloß. (Zeughaus.) 5. Donau-thor. 6. Die obere Stadtpfarrkirche zu U. L. Frau. 7. Pro-testantische Kirche. Preis à Blatt 18 kr.

Diese niedlichen Bildchen, in getreuester Aufnahme, eignen sich beson-ders auch zu Erinnerungsblättern in das Photographie-Album, sowie zu Geschenken an auswärtige Freunde und Bekannte, wobei sie in Briefen leicht versendet werden können.

Namentlich hält auch die **Krüll'sche Buchhandlung in Eichstätt** hievon stets Lager, sowie solche durch alle Buch- und Kunsthandlungen Bayerns bezogen werden können.

Nachricht für den Buchbinder:

Die zu dem Buche gehörigen größeren Ansichten sind an folgenden Stellen einzubinden:

1) Eichstätt   bei dem Titelblatt.
2) Pappenheim   Seite 89.
3) Kipfenberg   „ 132.
4) Wellheim   „ 149.
5) Kelheim   „ 162.
6) Randegg   „ 170.
7) Riedenburg   „ 179.
8) Beilngries   „ 196.
9) Berching   „ 202.